科技探索·奥秘生命

李华金 编著

U0830149

Keji
Tansuo
Aomi shengming

破解生命的奥秘

Pojie Shengming
De Aomi

中国出版集团
现代出版社

图书在版编目（CIP）数据

破解生命的奥秘 / 李华金编著 . —北京：现代出版社，2012.12（2024.1）

ISBN 978 – 7 – 5143 – 0798 – 6

Ⅰ . ①破… Ⅱ . ①李… Ⅲ . ①生命科学 – 青年读物 ②生命科学 – 少年读物 Ⅳ . ① Q1 – 0

中国版本图书馆 CIP 数据核字（2012）第 285359 号

破解生命的奥秘

编　　著	李华金
责任编辑	陈世忠
出版发行	现代出版社
地　　址	北京市安定门外安华里 504 号
邮政编码	100011
电　　话	010 – 64267325　010 – 64245264（兼传真）
网　　址	www. 1980xd. com
电子信箱	xiandai@ vip. sina. com
印　　刷	三河市人民印务有限公司
开　　本	710mm × 1000mm　1/16
印　　张	14. 5
版　　次	2012 年 12 月第 1 版　2024 年 1 月第 9 次印刷
书　　号	ISBN 978 – 7 – 5143 – 0798 – 6
定　　价	59. 80 元

前言 PREFACE

破解生命的奥秘

地球从形成至今已经历了46亿年的风风雨雨。这颗蓝色星球的与众不同，缘自于它孕育出的生命。在这40多亿年的漫长历程里，生命形式从诞生伊始一刻不停地在进行着演化——其中动物这一独特生命形式，就在那原始的海洋中逐渐形成，并开始了它的进化历程。在漫长的岁月里，从单细胞到多细胞，从水生到陆生，从弱小到强大，动物一点一滴地进行着演化，并最终进化出了我们人类。地球属于生活在其上的一切时代的生物。对个体而言，生命的归宿是死亡，而对于一个物种，一个群体来说，不幸的归途就是灭绝了。

据科学家推测，现存的不同种类的生物或物种，包括动物、植物和微生物，超过1200万种。但是曾经生活过而且再也不会复活的物种数量，则是这个数字的近千倍，这又是一个怎样的概念……

现在，就让我们一起翻开这本《破解生命的奥秘》，用手拨开生物进化的历史积尘，回眸生命交替的轮回，去了解那些曾经在地球上存在过、发展过，最终又走向灭绝的各种生物所走过的生命历程吧……

目录

CONTENTS

破解生命的奥秘

POJIE SHENGMING DE AOMI

裸蕨植物和鱼类时代

两栖动物的水陆进化

“爬行”闯天下

生命的海洋——地球

POJIE SHENGMING DE AOMI

地球是人类与动植物共同的家园，是浩瀚无垠的宇宙中一颗美丽的蓝色星球。地球是何时诞生的呢？陆地、海洋和山脉又是如何形成的呢？为什么会有白天和黑夜？为何一年有四个季节？火山是怎么回事？矿藏是怎样形成的？地球无私地赐予我们一切，而我们的所作所为又给地球带来了什么后果？……本章对这些问题一一做出了解答。

生命的进化历程

◎ 生命的起源

地球在宇宙中形成以后，开始是没有生命的。经过了一段漫长的化学演化，大气中的有机元素氢、碳、氮、氧、硫、磷等在自然界各种能源（如闪电、紫外线、宇宙线、火山喷发等等）的作用下，合成有机分子（如甲烷、二氧化碳、一氧化碳、水、硫化氢、氨、磷酸等等）。这些有机分子进一步合成，变成生物单体（如氨基酸、糖、腺甙和核甙酸等）。这些生物单体进一步聚合作用变成生物聚合物。如蛋白质、多糖、核酸等。蛋白质出现后，最简单的生命也随着诞生了。

广角镜

核酸

由许多核苷酸聚合成的生物大分子化合物，为生命的最基本物质之一。核酸广泛存在于所有动物、植物细胞、微生物内、生物体内核酸常与蛋白质结合形成核蛋白。不同的核酸，其化学组成、核苷酸排列顺序等不同。根据化学组成不同，核酸可分为核糖核酸，简称RNA和脱氧核糖核酸，简称DNA。DNA是储存、复制和传递遗传信息的主要物质基础，RNA在蛋白质合成过程中起着重要作用，其中转移核糖核酸，起着携带和转移活化氨基酸的作用；信使核糖核酸，是合成蛋白质的模板；核糖体的核糖核酸，是细胞合成蛋白质的主要场所。

◎ 原核生物的出现

最初的生命应是非细胞形态的生命，为了保证有机体与外界正常的物质交换，原始生命在演化过程中，形成了细胞膜，出现了细胞结构的原核生物。

◎ 藻菌生态系统的形成

地球上最早出现的异养型原核生物细菌，经过不断地分化和发展，终于又出现了能够进行光合作用、从无机物合成有机养料的自养型原核生物蓝藻。

基本小知识

原核生物

原核生物是由原核细胞组成的生物，包括蓝细菌、细菌、古细菌、放线菌、立克次氏体、螺旋体、支原体和衣原体等。

◎ 真核生物的出现

从原核到真核是生物演化从简单到复杂的转折点，原核细胞没有核膜，没有细胞器，结构简单。真核细胞具有核膜，整个细胞分化为细胞核和细胞质两部分，细胞核内具有染色体，成为遗传中心，细胞质内进行蛋白质合成，成为代谢中心。由于细胞结构的复化，增强了变异性，使得真核生物能够向高级体制发展。

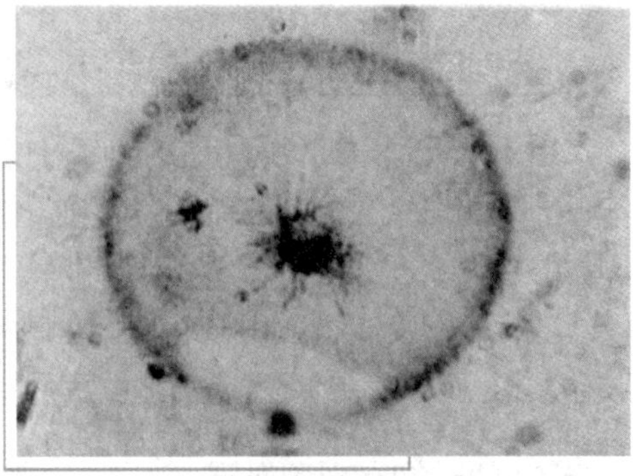

原始原核生物

◎ 动物的出现

随着真核生物的出现，动、植物开始分化和发展。动物的出现，形成了一个新的三极生态系统：绿色植物（真核植物和原核蓝藻）通过叶绿素光合作用制造食物，是自然界的生产者；细菌和真菌是自然界的分解者；动物是自然界的消费者。

◎ 洋藻类和无脊椎动物时代

在生物演化史上称为“海洋藻类时代”和“海洋无脊椎动物时代”。起始于距今6亿年，延续了约1.7亿年。藻类的大量繁育不仅为海洋无脊椎动物提供了丰富的食物资源，而且通过叶绿素光合作用，放出氧气，为海洋无脊椎动物的发展，准备了有利的生活环境。

知识小链接

叶绿素

叶绿素是一类与光合作用有关的最重要的色素。光合作用是通过合成一些有机化合物将光能转变为化学能的过程。叶绿素实际上存在于所有能营造光合作用的生物体，包括绿色植物、原核的蓝绿藻（蓝菌）和真核的藻类。叶绿素从光中吸收能量，然后能量被用来将二氧化碳转变为碳水化合物。

◎向陆地生活转变和发展

由于志留纪末期大规模海退，陆地面积逐渐扩大，从滨海浅滩绿藻植物演化而来的陆生裸蕨植物不断发展变化，为适应不同的气候条件，逐渐形成明显的植物地理分区。

陆生植物发展之后，与植物存在着密切关系的昆虫大量繁育，它们相互依存，相互制约，平行发展，昆虫区系发生显著的变化。

◎鱼类的出现和发展

鱼类包括有颌类和无颌类。晚志留世出现了从无颌类分化出来的最早具颌的棘鱼类和盾皮鱼类，有了上下颌，就不仅是被动摄食微小有机物，而可主动追捕大的食物了。泥盆纪时鱼类极为繁盛，故被称为“鱼类时代”。硬骨鱼类在现代鱼类中占绝对优势，被称为“水中的主人”。从侏罗纪起，软骨鱼类出现了。

◎两栖类的出现

总鳍鱼在晚泥盆世时登陆，脊椎动物在登上陆地的过程中首先要解决呼吸和行动问题。总鳍鱼已具有原始肺的构造，肉质偶鳍可以在地上爬行。石炭——二叠纪是两栖类最繁盛的时期，被称为“两栖动物时代”。

◎裸子植物和爬行运动

裸子植物虽在石炭——二叠纪时已开始出现，但最繁盛的时期是中生代，故中生代被称为“裸子植物时代”。中生代为爬行动物的发展，提供了有利的生活环境。

陆生爬行动物中以恐龙为主要代表，爬行动物是中生代地球上占绝对优势的脊椎动物。到白垩纪末期，全球出现了显著的地质事件，使地表自然环境发生巨大变化。由于恐龙不能适应当时迅速变化的环境，随同整个爬行动物的大衰退，无论陆生的、水生的或飞翔的恐龙，到白垩纪末都相继绝灭了。

◎鸟类的出现和发展

鸟类是从爬行动物分化出来的一个旁支。鸟类的脑和神经系统发达，心脏分隔完全，是恒温的脊椎动物。从变温的爬行动物转化为恒温的鸟类，是脊椎动物演化史上的一次重大飞跃。

◎被子植物和哺乳动物

早白垩世晚期出现了被子植物，中、晚白垩世很快繁育起来，新生代时极为繁盛，代替了裸子植物，成为植物界中最高级的类群，开创了被子植物时代。

最早的哺乳动物是从三叠纪的似哺乳爬行动物中分化出来的。进入新生代，由于板块的分离或聚合，气候的分化，被子植物的迅速发展和广泛分布，促使哺乳动物迅速分化、辐射，得到了空前发展，取代了爬行动物，在地球上居于优势。从而脊椎动物的演化又进入了一个更高级的阶段——哺乳动物时代。

趣味点击　类人猿

猿是灵长目人猿总科动物的通称，包括两个科。虽然人们常把猿猴并称，有时候将猴也称为猿，而猿有时也会称做是猴，不过他们在生物学上是不同的动物。两者的主要区别在于猴有尾巴，而猿没有。在分类学上，人是猿的一种。

◎从猿到人

人类在动物界中的近亲是类人猿（简称猿）。现代的类人猿有长臂猿、猩猩、大猩猩和黑猩猩。类人猿无论在外貌和面部表情上，还是身体内部的结构上都与人相似。类人猿中又以黑猩猩与人最接近。从猿到人的演化过程中，劳动起着重要的作用。由于劳动使身体的姿势由半直立变为直立。劳动和语言又促进了脑的发展，而脑的发展又加速了从猿到人的转变。

◎人类的发展

人类发展的过程一般分为 4 个阶段：早期猿人阶段、晚期猿人阶段、早期智人阶段和晚期智人（新人）阶段。在新人阶段，现代人种包括黄种、白种、黑种和棕种，开始分化和形成，广泛分布于世界各地。

地球的历史和结构形态

地球目前是人类所知道的唯一一个存在已知生命体的星球，它是太阳系八大行星之一，从诞生之日起，已历时 46 亿年。

在地球形成之前，宇宙中有许多小行星绕着太阳转，这些行星互相撞击，形成了原始的地球，当时的地球还是一颗炙热的大火球，随着碰撞渐渐减少，地球开始由外往内慢慢冷却，产生了一层薄薄的硬壳——地壳，这

广角镜

地壳

在地理上，地壳是指有岩石组成的固体外壳，地球固体圈层的最外层，岩石圈的重要组成部分，可以用化学方法将它与地幔区别开来。其底界为莫霍洛维奇不连续面（莫霍面引）。

地 球

星体撞击地球

时候地球内部还是呈现炽热的状态。地球内部喷出大量气体，其中带着大量的水蒸气，这些水蒸气就形成了一圈包围在地球外围的大气层，地球距离太阳的位置不会太近而致使水蒸气被太阳蒸干，地球本身的大小又有足够的引力将大气层拉住，所以地球才会有得天独厚的大气环境，大气层形成之后就开始降雨，而形成了原始的海洋。大约在47亿年前，宇宙中尘埃聚集，形成了地球及其所在的太阳系的其他星球。当时的空气中不含有氧气，而含有很多二氧化碳（碳酸气体）、氮气。

最初的地球很小，但不断有宇宙中的尘埃及小的星体撞击，体积不断增大。而且撞击时能量聚集，温度不断上升，最终融化为液体。不久，星体撞击的次数减少，地球表面的温度降低，形成地壳，这就是今天的地表。但是，地球内部的岩浆不断喷涌，形成大量的火山。火山灰中的水蒸气冷却凝结为水，从而形成海洋，地球表面71%为水所覆盖，地球是行星中唯一一颗能在表面存在有液态水（虽然在土卫六的表面存在有液态乙烷与甲烷，木卫二的地下有液态水）。我们知道，液态水是生命存在的重要条件。海洋的热容量也是保持地球气温相对稳定的重要条件。液态水也造成了地表侵蚀及大洲气候的多样化，地球的大气由77%的氮，21%氧，微量的氩、二氧化碳和水组成。地球初步形成时，大气中可能存在大量的二氧化碳，但

你知道吗

板块构造

板块构造理论是一种现代地球科学理论。其产生于20世纪60年代。板块构造认为，地球表层是由厚度大约为100－150 km的巨大板块构成，全球岩石圈可分成六大板块，即太平洋板块、印度洋板块、亚欧板块、非洲板块、美洲板块和南极洲板块，其中只有太平洋板块几乎完全在海洋，其余均包括大陆和海洋。板块间的分界线是海岭、海沟、大的褶皱山脉和裂谷与转换断层带。该理论对地质地理学以及生物学影响很大。不同大陆上地层、矿产、动植物分布，只有通过板块构造的理论才能够解释。

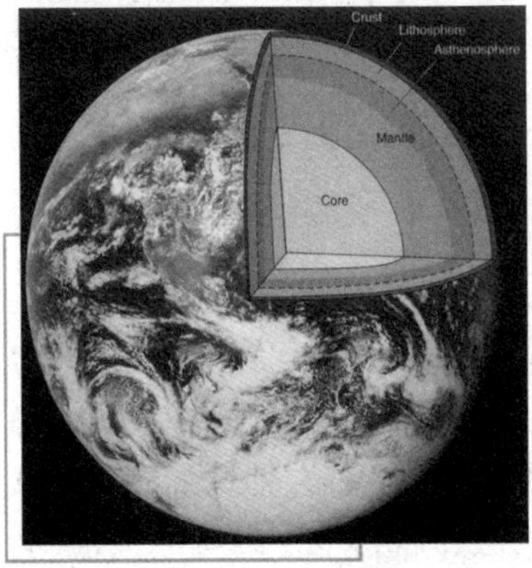

地球内部结构

是几乎都被组合成了碳酸盐岩石，少部分溶入了海洋或给活着的植物消耗了。现在板块构造与生物活动维持了大气中二氧化碳到其他场所再返回的不停流动，大气中稳定存在的少量二氧化碳通过温室效应对维持地表气温有极其深远的重要性，同时也为生命的发展奠定了基础。

地球有 46 亿年的历史。地质历史时期划分单位分为 4 级：宙、代、纪、世。大约在 66 亿年前，银河系内发生过一次大爆炸，其碎片和散漫物质经过长时间的凝集，大约在 46 亿年前形成了太阳系。作为太阳系一员的地球也在 46 亿年前形成了。接着，冰冷的星云物质释放出大量的引力势能，再转化为动能、热能，致使温度升高，加上地球内部元素的放射性热能也发生增温作用，故初期的地球呈熔融状态。高温的地球在旋转过程中其中的物质发生分异，重的元素下沉到中心凝聚为地核，较轻的物质构成地幔和地壳，逐渐出现了圈层结构。这个过程经过了漫长的时间，大约在 38 亿年前出现原始地壳，这个时间与多数月球表面的岩石年龄一致。

知识小链接

地幔

地幔是地壳下面是地球的中间层，叫做“地幔”，厚度约 2865 公里，主要由致密的造岩物质构成，这是地球内部体积最大、质量最大的一层。地幔又可分成上地幔和下地幔两层。上地幔顶部存在一个地震波传播速度减慢的层（古登堡低速层），一般又称为软流层，推测是由于放射性元素大量集中，蜕变放热，使岩石高温软化，并局部熔融造成的，很可能是岩浆的发源地。软流层以上的地幔是岩石圈的组成部分。下地幔温度、压力和密度均增大，物质呈可塑性固态。

◎ 地球的圈层

地球圈层分为地球外圈和地球内圈两大部分。地球外圈可进一步划分为 4 个基本圈层，即大气圈、水圈、生物圈和岩石圈；地球内圈可进一步划分为 3 个基本圈层，即地幔圈、外核液体圈和固体内核圈。此外在地球外圈和地球内圈之间还存在一个软流圈，它是地球外圈与地球内圈之间的一个过渡圈层，位于地面以下平均深度约 150 千米处。这样，整个地球总共包括 8 个圈层，其中岩石圈、软流圈和地球内圈一起构成了所谓的固体地球。以下对几个圈层做以重点介绍。

生物圈

地球是目前已知的唯一仍然拥有生命存在的地方，大约是海平面上下 10 千米。整个行星的生命形式有时被称为是生物圈的一部分。生物圈覆盖大气圈的下层、全部的水圈及岩石圈的上层。生物圈通常据信始于自 35 亿年前的进化。生物圈又分为很多不同的生物群系，根据相似的存在范围划分为植物群和动物群，在地面上，生物群落主要是以纬度划分，陆地生物群落在北极圈和南极圈内缺乏相关的植物和动物，大部分活跃的生物群落都在赤道附近。

大气圈

地球拥有一个由 78% 的氮气、21% 的氧气、和 1% 的氩气混和微量其他包括二氧化碳和水蒸气组成的厚密大气层。大气层是地球表面和太阳之间的缓冲。地球大气的构成并不稳固，其中成分亦被生物圈所影响。如大气中大量的自由二价氧是地球植物通过太阳能量制造出来的。离开这些植物，氧气将通过燃烧快速与物质重新结合。自由（未化合）的氧元素对地球上的生命意义重大。地球大气是分层的，主要包括对流层、平流层、中间层、热层和逸散层。所有的层在全球各地并不完全一致并且随着季节而有所改变。

你知道吗

温室效应

温室效应又称“花房效应”，是大气保温效应的俗称。大气能使太阳短波辐射到达地面，但地表向外放出的长波热辐射线却被大气吸收，这样就使地表与低层大气温度增高，因其作用类似于栽培农作物的温室，故名温室效应。自工业革命以来，人类向大气中排入的二氧化碳等吸热性强的温室气体逐年增加，大气的温室效应也随之增强，已引起全球气候变暖等一系列严重问题，引起了全世界各国的关注。

水　圈

地球是太阳系中唯一表面含有液态水的行星。水覆盖了地球表面 71% 的面积（96.5% 是海水，3.5% 是淡水）。水在五大洋和七大陆都存在。地球的太阳轨道、火山活动、地心引力、温室效应、地磁场以及富含氧气的大气这些因素相结合使得地球成为一颗水之行星。正是地球的各个圈层间的协调，才使地球中生命的发展处于平衡状态。

宇宙生命的形成

千百年来，科学家们一直在探寻宇宙是什么时候、如何形成的。

20 世纪，有两种“宇宙模型”比较有影响。一是稳态理论，一是大爆炸理论。20 年代后期，爱德温·哈勃（Edwin Hubble）发现了红移现象，说明宇宙正在膨胀。60 年代中期，阿尔诺·彭齐亚斯（Arno Penzias）和罗伯特·威尔逊（Robert Wilson）发现了“宇宙微波背景辐射”。这两个发现给大爆炸理论以有力的支持。现在，大爆炸理论广泛地为人们所接受。

在爆炸发生之前，宇宙内的所存物质和能量都聚集到了一起，并浓缩成很小的体积，温度极高，密度极大，之后发生了大爆炸。大爆炸使物质四散出击，宇宙空间不断膨胀，温度也相应下降，后来相继出现在宇宙中的所有星系、恒星、行星乃至生命，都是在这种不断膨胀冷却的过程中逐渐形成的。然而，大爆炸而产生宇宙的理论尚不能确切地解释，“在所存物质和能量聚集在一点上”之前到底存在着什么东西？

浩瀚的宇宙

“大爆炸理论”是伽莫夫于 1946 年创建的。它是现代宇宙系中最有影响的一种学说，又称大爆炸宇宙学。与其他宇宙模型相比，它能说明较多的观测事实。它的主要观点是认为我们的宇宙曾有一段从热到冷的演化史。在这个时期里，宇宙体系并不是静止的，而是在不断地膨胀，使物质密度从密到稀地演化。这一从热到冷、从密到稀的过程如同一次规模巨大的爆发。

知识小链接

重氢

氘为氢的一种稳定形态同位素，也被称为重氢，元素符号一般为 D 或 2H。它的原子核由一颗质子和一颗中子组成。在大自然的含量约为一般氢的 7000 分之一，用于热核反应。被称为“未来的天然燃料”。

根据大爆炸宇宙学的观点，大爆炸的整个过程是：在宇宙的早期，温度极高，在 100 亿度以上。物质密度也相当大，整个宇宙体系达到平衡。宇宙间只有中子、质子、电子、光子和中微子等一些基本粒子形态的物质。但是因为整个体系在不断膨胀，结果温度很快下降。当温度降到 10 亿度左右时，中子开始失去自由存在的条件，它要么发生衰变，要么与质子结合成重氢、氦等元素；化学元素就是从这一时期开始形成的。温度进一步下降到 100 万度后，早期形成化学元素的过程结束。宇宙间的物质主要是质子、电子、光子和一些比较轻的原子核。当温度降到几千度时，辐射减退，宇宙间主要是气态物质，气体逐渐凝聚成气云，再进一步形成各种各样的恒星体系，成为我们今天看到的宇宙。

◎盘古开天地之说

出自徐凯云《天地变》：“那里，据说是盘古开天地创世以后的葬身之处，那里是精灵族想象中的圣地，是他们灵魂的归宿之处。”传说在天地还没有开辟以前，宇宙就像是一个大鸡蛋一样混沌一团。有个叫做盘古的巨人在这个“大鸡蛋”中一直酣睡了约 18000 年后醒来，发现周围一团黑暗，盘古张开巨大的手掌向黑暗劈去，一声巨响，“大鸡蛋”碎了，千万年的混沌黑暗被搅动了，其中又轻又清的东西慢慢上升并渐渐散开，变成蓝色的天空；而那些厚重混浊的东西慢慢地下降，变成了脚下的土地。盘古站在这天地之间非常高兴。盘古很怕天地再合拢起来还变成

盘古开天地

以前的样子，他就用手撑着青天，双脚踏着大地，让自己的身体每天长高一丈，天地也随着他的身体每天增高一丈。这样又过了18000年，天越来越高，地越来越厚，盘古的身体长得有90000里那么长了。

盘古凭借着自己的神力终于把天地开辟出来了。可是，盘古也累死了。盘古临死前，他嘴里呼出的气变成了春风和天空的云雾；声音变成了天空的雷霆；他的左眼变成了太阳，右眼变成了月亮；头发和胡须变成了夜空的星星；他的身体变成了东、西、南、北四极和雄伟的三山五岳；血液变成了江河；筋脉变成了道路；肌肉变成了农田；牙齿、骨骼和骨髓变成了地下矿藏；皮肤和汗毛变成了大地上的草木，汗水变成了雨露。传说，盘古的精灵魂魄也在他死后变成了人类。

所以，都说人类是世上的万物之灵。

寻找另外一个“地球”

作为生命进化的唯一通道，地球生命的产生需要具备一定的条件：

（1）有必要的组成物质，能合成有机物的碳、氢、氧、氮等元素。

（2）生命需要适中的光和热，温度过高，碳原子的化学键被破坏；温度过低，又会使生物过程停顿。

（3）有液态的水，这是生物体绝对不可缺少的组成部分。

（4）有大气。大气有3个作用：一是大气通过紫外线照射和电火花合成有机物；二是保护生命安全不受陨石和宇宙线损伤；三是保护地球表面的热量。

（5）上面的条件能维持很长时间，使生命有一个产生、发展、进化的过程。

正是如上这些条件使地球成为生命进化的唯一通道。而生命的进化则是一个“物竞天择，适者生存”的过程，在这个过程中，环境起着促进和过

趣味点击

陨石

陨石是地球以外未燃尽的宇宙流星脱离原有运行轨道或成碎块散落到地球或其它行星表面的、石质的，铁质的或是石铁混合物质，也称“陨星”。大多数陨石来自小行星带，小部分来自月球和火星。

滤的作用，但环境的真正赋予者是地球。生命的一系列进化过程是在地球环境的变化中完成的，例如一篇文章中讲到的：越来越开旷的栖息地，特别是粗糙的、带砂砾的植物性食物和长距离的运动凸显了整个环境变得干燥，稀树草原在扩展，而此时哺乳动物进化世系受到严重冲击。因此，新生代的哺乳动物中出现食草动物颊齿体积的增加，例如偶蹄类和奇蹄类的高冠齿，食草动物各条进化世系上身体度量反复的增大和行动器官的特化。

当温度过低时大批生命死去，剩下的努力适应这种新变化，并在这个大环境中改变自己；而当气温过高时又会有大批生命被淘汰，随之产生新的物种。地球，这个生命进化的唯一通道，时时刻刻影响着它周围生命的变化，某种意义上说，也影响着自己的变化。一切的生命通过这个唯一的通道改变自己，成长、蜕变、进化。正如人们所熟知的《冰河世纪》，动物们不断地迁徙，人类不断地转移，而这一切的始作俑者都是地球环境。

自古以来，住在地球上的人类就经常在想，除了我们住的这个地球以外，有没有另外一个地球？人能够生活在地球上，有几个主要的条件：星际空间条件：①稳定的宇宙环境。②适当的与太阳的距离，保证温度。自身条件：大气、水、适当的自转公转周期。从天文学家的角度来说，找另外一个地球有相当大的难度。怎么去找另外一个地球？也就是说我们应该先看看人类居住的这个天堂是什么样的，把地球的情况搞清楚以后，才有可能去想、去找另外一个地球。尽管科学发展很快，但是要到外面去找一个“地球”，谈何容易！所以我们首先应该看看太阳系里面有没有其他地方有生命，或者有人，或者适合人居住。

真实的火星

地球之后，火星是太阳系中气候最宜人的一个行星。这种宜人的气候甚至有可能使火星上曾经出现过类似于细菌的原始生命形式。流体冲刷出来的沟渠和其他地理特征，为数十亿年以前的火星表面上曾经有液态水流动提供了充足的证据。虽然液态水有可能仍然存在于火星表面以下，但是，目前火星表面过低的温度和过于稀薄的大气已经使液态水无法存在于火星的表面。是什么造成火星的气候发生如此大的变化？火星具有出现生命的必要条件吗？现在是否仍然有细菌生活在火星的地表以下？这些问题驱使我们对火星进行探险。火星的气候已经很明显地冷了下来。通过研究造成火星气候出现巨大变化的原因，我们也许能够开始了解驱使地球上气候发生变化的动力。1996 年，有科学家宣布，一块被认为是来自火星的陨石上包含有可能是远古微生物的残骸，这一发现再次引起了公众渴望了解火星上是否存在生命的兴趣。许多科学家表示，了解火星上是否存在生命进化的关键，就是了解火星上水的历史。

在南极同样的环境下，在冰的深处我们惊奇地发现有简单的单细胞藻类存活，这代表木卫二有可能存在生物，科学家也有大胆设想，可能冰下还有高级生物。

月　球

人们在太空中最近的邻居是月球。它绕着地球转，永远以同一面朝着我们。月球是个不能住人的地方，它没有大气层，不能像地球那样保持一定的温度；它的温度变化很大，从白天的 115℃ 到晚上的 -160℃。月球上没有水，所以没有任何动植物可以在上面生存。月球表面有广阔的大平原，平原上有星罗棋布的高山和无数的火山口。

所以，至今为止科学家还没有找到适合人类居住的另一个“地球”，但随着科学的发展，这个谜团终会解开。

外星人是否存在？

外星人真的存在吗？据介绍，银河系里有 2000 亿颗太阳的“兄弟姐妹”，而目前科学家已找到了 150 个恒星有行星环绕，它们是地球的远亲。科学家曾经作过一个推测，就算 10 个恒星中有一个有行星环绕，那么地球在银河系中就应该有 200 亿个兄弟姐妹，就像太阳的 9 大行星中只有地球有高等智慧生命存在，那也应该有 10 万～15 万个行星适合生命发展，然后产生智慧生命形成技术文明，他们应该会有和地球水平相似或者更先进的文明。就算外星人真的存在，目前很多科学家指出浩瀚星球彼此间相距遥远，外星人根本不可能造访地球。就像6000年前的半坡村人无法想象今日人类的科技发展一样，从莱特兄弟发明飞机到现在飞船炮轰彗星才不过百余年，外星人也有可能拥有更先进的技术造访地球。但科学家也表示，目前的科学家还没有外星人存在的确凿证据，也还没有捕捉到外星人的无线电信号。

外星人的报道时常见诸报端，很多人声称见过飞碟，甚至见过外星人，同时他们也拍到了各种各样的有关飞碟的照片。类似的事情还有很多：外星人绑架人类，外星人咬死牲畜，甚至有人目睹了坠落的飞船和烧焦的尸体。这一切到底是真是假，外星人真的存在么？据自称见过外星人的人们描述，他们所见到的外星人大多是一些个子矮小，脑袋圆大、嘴巴窄长如裂缝、身穿紧身衣的类人生物。另一些人则热心于寻找外星人在古代留下的痕迹，他们认为撒哈拉沙漠壁画上人物的圆形面具、复活节岛和南美的巨石建筑以及金字塔等种种无法解释的史前奇迹都与外星人有关。还有的学者提出人类是外星人的后裔，或人类中一些民族(如玛雅人）是外星人与地球人交配的后裔等种种观点。但这些也只能作为猜测和假说，其中大多数仍缺少足够的证据。

> **你知道吗**
>
> **行星**
>
> 行星通常指自身不发光，环绕着恒星的天体。其公转方向常与所绕恒星的自转方向相同。一般来说行星需具有一定质量，行星的质量要足够的大且近似于圆球状，自身不能像恒星那样发生核聚变反应。

外星人是对地球以外生命的统称。古今中外一直有关于“外星人”的假想，在各国史书中也有不少疑似“外星人”的奇异记载，但现今人类还无法确定是否有外星生命，甚至是“外星人”的存在。1977年9月5日发射的旅行者1号太空探测器，是人类第一次以科学的方法尝试联系他们。虽然科学家鉴于星球间存在着巨大的距离，认为即使有外星人，也不可能飞抵地球，但他们并未否定外太空存在生命的可能。对一颗行星来说，能具有生命存在所必须满足的全部条件实在是十分罕见的，但科学家们也不排除其存在的可能。

作为探索宇宙奥秘的工作的一个部分，科学家也在积极地探索地球以外的生命，也在积极地搜寻有没有外星人的信息。这种科学的探索早在上个世纪50年代就开始了。为了寻找地外生命，1999年5月24日，一个名为“相遇2001”的公司借助克里米亚半岛的乌克兰叶夫帕托里亚直径70米的射电望远镜，朝4颗50～70光年远的类太阳恒星方向发射了一系列射电信号，这是人类25年来第一次有意识的星际广播。

广角镜

UFO

UFO全称为不明飞行物，也称飞碟是指不明来历、不明空间、不明结构、不明性质，但又漂浮、飞行在空中的物体。一些人相信它是来自其他行星的太空船，有些人则认为UFO属于自然现象。20世纪40年代开始，美国上空发现碟状飞行物，当时称为“飞碟，这是当代对不明飞行物的兴趣的开端，后来人们着眼于世界各地的不明飞行物报告，但至今尚未发现确实可信的证据。许多不明飞行物照片经专家鉴定为骗局，有的则被认为是球状闪电，但始终有部分发现根据现存科学知识无法解释。

1971年有人在高邮地区看到UFO并提供了目击报告，目击报告显示，这次UFO出现在当晚10点33分52分，开始出现在内蒙古南部与陕西北部交界处上空，呈现一个弧状光带，似星云状缓慢向西运动，光带中心有强烈闪光。当此UFO移动到甘肃永昌上空时，曾悬停半分钟，形状变为耳状，外耳呈月牙形一明一暗，并转出螺旋状光带，继续西行。随后在四川灌县的观测显示，整个螺旋状由中心最亮点的黄色向外渐变为浅蓝色。最后，该UFO在西北仰角约30度处突然自行消失。

对于这次UFO现象，专家的解释众说纷纭。有部分专家认为这可能是流星或彗星；另一说法是，火箭发射时第三级火箭推进器脱落抛洒剩余燃料造成了这一景象。研究人员表示，20多年来的研究基本排除了这次UFO是人类所发射飞行器的可能性，而这次UFO能在650千米的高空有高度的机动性，尤其是那奇异的悬停，表明它可能是与外星智慧生命有关系的特殊空间飞行器。

也许随着科学的发展，以后会有惊人的发现，我们期待“地外文明”出现的那一天。

“世界地球日”的由来

世界地球日即每年的 4 月 22 日，它是一项世界性的环境保护运动，该活动起源于美国。1970 年 4 月 22 日，在美国民主党参议员盖洛德·尼尔森和哈佛大学学生丹尼斯·海斯的倡议和组织下，美国数十万群众参与了声势浩大的“地球日”活动，呼吁创造一个清洁、简单、和平的生活环境。作为现代环保运动的开端，“地球日”活动推动了多个国家环境法规的建立。

1990 年 4 月 22 日，全球 140 多个国家、2 亿多人同时在世界各地举行形式多样的环境保护宣传活动，呼吁改善全球整体环境。这项活动得到了联合国的肯定。2009 年 4 月 22 日，第 63 届联合国大会一致通过决议，决定将今后每年的 4 月 22 日定为“世界地球日”。

知识小链接

温室气体

温室气体指的是大气中能吸收地面反射的太阳辐射，并重新发射辐射的一些气体，如水蒸气、二氧化碳、大部分制冷剂等。它们的作用是使地球表面变得更暖，类似于温室截留太阳辐射，并加热温室内空气的作用。这种温室气体使地球变得更温暖的影响称为“温室效应”。水汽（H_2O）、二氧化碳（CO_2）、氧化亚氮（N_2O）、甲烷（CH_4）、臭氧（O_3）等是地球大气中主要的温室气体。

20 世纪 90 年代，“地球日”的发起人创立了“地球日网络”组织，将全世界环保主义者联合起来推动“地球日”活动的开展。地球是人类的共同家园，但人类的活动却对地球造成了严重的破坏。生物赖以生存的森林、湖泊、湿地等正以惊人的速度消失；煤炭、石油、天然气等不可再生能源因过度开采而面临枯竭；能源燃烧排放的大量温室气体导致全球气候变暖，由此引发的极地冰盖融化、海平面上升等问题威胁到人类的生存发展。保护地球资源环境、寻求可持续发展模式已刻不容缓。

在 2009 年“世界地球日”来临之际，“地球日网络（Earthday Network)”发起“绿色一代（GREEN GENERATION）”计划，倡导人类社会经济发展向可持续模式转变。该计划呼吁公众维护3条核心原则：①消除人类对化石能源的依赖性，致力于可再生能源的开发利用，创造一个“无炭”的未来；②承诺个人消费习惯与可持续发展要求相符合；③建立“绿色经济”，通过为贫困人群创造“绿色岗位”使其脱贫，并将全球教育体系转变为环保型。从20世纪90年代起，中国在每年的4月22日都举办“世界地球日”宣传活动，并根据当年的情况确定活动主题。

生命之蓝——地球

“地球日”诞生后20年中，世界范围内的环境保护工作取得了很大的进展。在许多重大的国际会议上，环境保护也成为重要议题之一，越来越多的政治家、科学家、有识之士都强烈地认识到，环境污染和生态恶化会使社会的文明进程受到巨大阻碍。1990年4月22日这一天，全世界有100多个国家举行了各种各样的环境保护宣传活动，参加人数达几亿人。从那时起，“地球日”才具有国际性，成为“世界地球日”。

基本小知识

臭氧层

臭氧层是指大气层的平流层中臭氧浓度相对较高的部分，其主要作用是吸收短波紫外线。大气层的臭氧主要以紫外线打击双原子的氧气，把它分为两个原子，然后每个原子和没有分裂的氧合并成臭氧。臭氧分子不稳定，紫外线照射之后又分为氧气分子和氧原子，形成一个继续的过程臭氧氧气循环，如此产生臭氧层。

世界地球日活动旨在唤起人类爱护地球、保护家园的意识，促进资源开发与环境保护的协调发展。中国从20世纪90年代起，每年4月22日都举办世界地球日活动。

每年中国纪念“世界地球日”，都要确定一个主题。以下为历年主题：

1974年　只有一个地球

1975年　人类居住

1976年　水：生命的重要源泉

1977年　关注臭氧层破坏、水土流失、土壤退化和滥伐森林

1978年　没有破坏的发展

1979年　为了儿童和未来——没有破坏的发展

1980年　新的10年，新的挑战——没有破坏的发展

1981年　保护地下水和人类食物链；防治有毒化学品污染

1982年　纪念斯德哥尔摩人类环境会议10周年——提高环境意识

知识小链接

酸雨

酸雨正式的名称是为酸性沉降，它可分为“湿沉降”与“干沉降”两大类，前者指的是所有气状污染物或粒状污染物，随着雨、雪、雾或雹等降水型态而落到地面者，后者则是指在不下雨的日子，从空中降下来的落尘所带的酸性物质而言。

1983年　管理和处置有害废弃物；防治酸雨破坏和提高能源利用率

1984年　沙漠化

1985年　青年、人口、环境

1986年　环境与和平

1987年　环境与居住

1988年　保护环境、持续发展、公众参与

1989年　警惕，全球变暖！

1990年　儿童与环境

1991年　气候变化——需要全球合作

1992年　只有一个地球——一齐关心，共同分享

1993 年　贫穷与环境——摆脱恶性循环
1994 年　一个地球，一个家庭
1995 年　各国人民联合起来，创造更加美好的世界
1996 年　我们的地球、居住地、家园
1997 年　为了地球上的生命
1998 年　为了地球上的生命——拯救我们的海洋
1999 年　拯救地球，就是拯救未来
2000 年　2000 环境千年——行动起来吧！
2001 年　世间万物，生命之网
2002 年　让地球充满生机
2003 年　善待地球，保护环境
2004 年　善待地球，科学发展
2005 年　善待地球——科学发展，构建和谐
2006 年　善待地球——珍惜资源，持续发展
2007 年　善待地球——从节约资源做起
2008 年　善待地球——从身边的小事做起
2009 年　认识地球，保障发展——了解我们的家园深部

生命的原始形态

POJIE SHENGMING DE AOMI

曾经有这样一个世界，那里烈焰熊熊，火光冲天；不时有陨石呼啸而下，砸入大地，尘土如巨浪般卷起。那里生活着种种“怪兽”，啮齿类动物形体庞大，史前巨蝎身长数尺，最终，喧嚣渐渐平息，混沌归于秩序；人类的初民出现了，世界旋即生机盎然。你是否有胆量随我们一起拨开时空的迷雾，回到太初，探寻生命的起源……

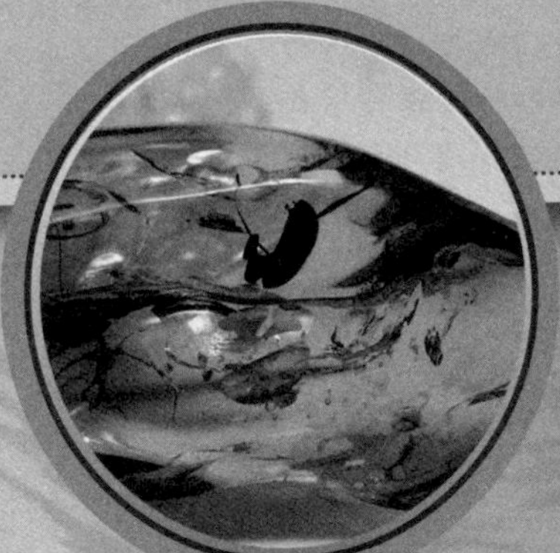

生命是什么

我们研究生物界进化发展的基本规律，首先应该了解研究的对象：什么是生命以及生命是怎样发生的？关于生命的本质及其起源的问题，始终是两种宇宙观激烈斗争的问题之一。在不同的社会、不同的阶级，对这个问题有不同的解释。因此，围绕着这个问题唯物主义同唯心主义展开了激烈的斗争。

绿色的生命

趣味点击　应激

所谓应激是机体在各种内外环境因素及社会、心理因素刺激时所出现的全身性非特异性适应反应，又称为应激反应。这些刺激因素称为应激原。应激是在出乎意料的紧迫与危险情况下引起的高速而高度紧张的情绪状态。应激的最直接表现即精神紧张。指各种过强的不良刺激，以及对它们的生理、心理反应的总和。应激反应指所有对生物系统导致损耗的非特异性生理、心理反应的总和。应激或应激反应是指机体在受到各种强烈因素（应激原）刺激时所出现的非特异性全身反应。

剥削阶级和唯心主义者过去和现在总是把生命看成是某种精神的、非物质的——“灵魂”、“世界精神”、“生命力”、“神的智慧”等等表现，用超自然的力量解释生命的起源。唯物主义者同唯心主义者相反，认为生命按其本质来说也是物质的，它是物质存在的一种特殊形式。生命是可以认识的，它也有其本身的发生和发展过程。在19世纪，达尔文的进化论虽然给神创论、目的论，物种不变论以致命的打击。但是达尔文本人以及后来的一些进化论者都没有对生命及其起源问题给予回答。因此，长期以

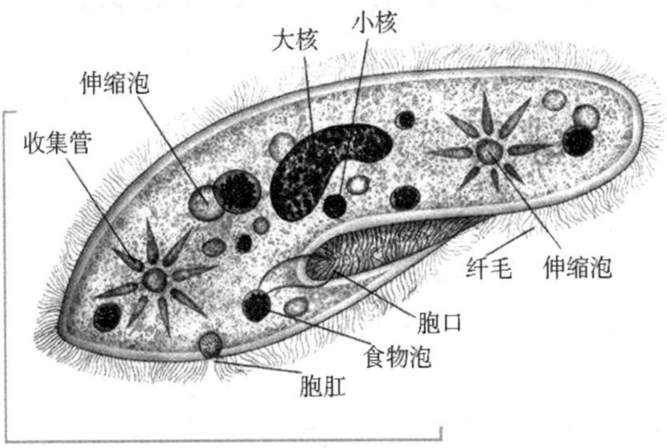

单细胞结构图

来，这个问题一直是唯心主义的藏身所。

自从辩证唯物主义诞生以后，加上近代科学的发展，这个问题才初步获得了比较明确的答案。什么是生命？如何给生命下一个完整的定义？

无产阶级的革命导师恩格斯曾总结了19世纪自然科学的光辉成就，提出生命活动的哲学概括，给生命下了一个经典的定义。恩格斯说："生命是蛋白体的存在方式，这种存在方式本质上就在于这些蛋白体的化学组成部分的不断地自我更新。"

生命的哲学定义：生命是生物的组成部分，是生物具有的生存发展性质和能力，是生物的生长、繁殖、代谢、应激、进化、运动、行为表现出来的生存发展意识，是人类通过认识实践活动从生物中发现、界定、彰显、抽取出来的具体事物和抽象事物。

你知道吗

新陈代谢

生物体与外界环境之间的物质和能量交换以及生物体内物质和能量的转变过程叫做新陈代谢。

生物是具有生命、生存意识、生存性能的自然物体。生命和生物既相互对立又相互统一，生命、生存发展性能、生存发展意识是生物具有的本质、属性、规定和规律，是生物的组成部分和组成元素。生物是非生物长期运动变化产生的结果。自然事物普遍具有相互作用相互影响的性质和能力，当一个非生物经过长期复杂的相互作用、相互影响的过程，逐步形成了自主的生存发展性质和能力，形成了自主的生存发展意识的时候，一个具有生命的生物就产生了。

现代生物学给生命下的定义：生命是生物体所表现出来的自身繁殖、生长发育、新陈代谢、遗传变异以及对刺激产生反应等复合现象。

分子生物学给生命下的定义：生命是有核酸和蛋白质等物质组成的分子体系，它具有不断繁殖后代以及对外界产生反应的能力。

生命的生物学定义：生命是生物体所表现出来的自身繁殖、生长发育、新陈代谢、遗传变异以及对刺激产生反应等复合现象。

生命的分子生物学定义：生命是有核酸和蛋白质等物质组成的分子体系，它具有不断繁殖后代以及对外界产生反应的能力。（表现为化学成分的同一性、严整有序的结构、严整有序的结构、应激性、稳态、生长发育、遗传变异和进化、适应。）

总结：不同的角度，对于生命会有不同的阐述，然而生命是什么却没有人能真正回答出来，因为我们所选取的角度总是从自己所专注的领域出发，具有一定狭隘性。自然界的花草树木，即便是一块石头也应该是有生命的。动物、植物，甚至是我们生活的地球、宇宙都是有生命的。

生命起源说

先有鸡还是先有蛋？“先鸡派”认为蛋是鸡生的，所以是先有鸡。“先蛋派”认为鸡是蛋孵化的，所以先有蛋。这是逻辑上的大麻烦，蛋固然是鸡生的，鸡难道就不是蛋孵化出来的？真可谓鸡说鸡有理，蛋说蛋有道！双方都陷入了循环的怪圈。就好像在一个圆内跑步，分不清谁前谁后了。其实问题的终结都是生命起源于什么，生命何时、何处、特别是怎样起源的问题，是现代自然科学尚未完全解决的重大问题，是人们关注和争论的焦点。历史上对这个问题也存在着多种臆测和假说，并有很多争议。

鸡和蛋

◎ 生命起源的创造论（或神造说）

创造论否认一切的事物是自然形成的说法。它认为哪怕是正在呼吸的空气，也是需要被创造才得以产生。目前人类正在面临各种自然资源枯竭，生态平衡被破坏而带来的各种灾难的情况下，对大自然的驾驭更是感到无能为力。人类无能为力的时候，还能做什么呢？唯有依靠神。这不是愚昧，而是人的本能就是这样。在《圣经》上说，"起初，神创造天地"。

◎ 生命起源的自然发生说

又称"自生论"或"无生源论"，认为生物可以随时由非生物产生，或者由另一些截然不同的物体产生。如中国古代所谓"肉腐出虫，鱼枯生蠹"、亚里士多德说的"……有些鱼由淤泥及砂砾发育而成"。中世纪有人认为树叶落入水中变成鱼，落在地上则变成鸟等。自然发生说是19世纪前广泛流行的理论，这种学说认为，生命是从无生命物质自然发生的。

生命起源

◎ 生命起源的化学起源说

化学起源说是被广大学者普遍接受的生命起源假说。这一假说认为，地球上的生命是在地球温度逐步下降以后，在极其漫长的时间内，由非生命物质经过极其复杂的化学过程，一步一步地演变而成的。第一个阶段，从无机小分子生成有机小分子的阶段，即生命起源的化学进化过程是在原始的地球条件下进行的。第二个阶段，从有机小分子物质生成生物大分子物质。第三个阶段，从生物大分子物质组成多分子体系。第四个阶段，有机多分子体系演变为原始生命。

◎ 生命起源的宇宙生命论（或泛生说）

这一假说提倡“一切生命来自生命”的观点，认为地球上最初的生命来自宇宙间的其他星球，即“地上生命，天外飞来”。这一假说认为，宇宙太空中的“生命胚种”可以随着陨石或其他途径跌落在地球表面，即成为最初的生命起点。现代科学研究表明，在已发现的星球上，自然状况下是没有保存生命的条件的，因为没有氧气，温度接近绝对零度，又充满具有强大杀伤力的紫外线、x 射线和宇宙射线等，因此任何“生命胚体”是不可能保存的。这个假说实际上把生命起源的问题推到了无边无际的宇宙中去了，同时这个假说对于“宇宙中的生命又是怎样起源”的问题，仍是无法解释的。

广角镜

紫外线

紫外线是电磁波谱中波长从 10nm 到 400nm 辐射的总称，不能引起人们的视觉。1801 年德国物理学家里特发现在日光光谱的紫端外侧一段能够使含有溴化银的照相底片感光，因而发现了紫外线的存在。

◎ 生命起源的宇生说

这一假说认为，地球上最早的生命或构成生命的有机物，来自于其他宇宙星球或星际尘埃。持这种假说的学者认为，某些微生物孢子可以附着在星际尘埃颗粒上而落入地球，从而使地球有了初始的生命。

◎ 生命起源的热泉生态系统

生命的起源可能与热泉生态系统有关，这是 20 世纪 70 年代以来，部分学者提出的观点。20 世纪 70 年代末，科学家在东太平洋的加拉帕戈斯群岛附近发现了几处深海热泉，在这些热泉里生活着众多的生物，包括管栖蠕虫、蛤类和细菌等兴旺发达的生物群落。这些生物群落生活在一个高温（热泉喷口附近的温度达到 300℃以上）、高压、缺氧、偏酸和无光的环境中。部分学者认为，热泉喷口附近的环境不仅可以为生命的出现以及其后的生命延续提供所需的能量和物质，而且还可以避免地外物体撞击地球时所造成的有害影响，因此热泉生态系统是孕育生命的理想场所。

热泉生态系统之所以与生命的起源相联系，主要基于以下的事实：

知识小链接

热泉

泉温高于45℃而又低于当地地表水的沸点的地下水露头叫热泉。

（1）现今所发现的古细菌，大多都生活在高温、缺氧、含硫和偏酸的环境中，这种环境与热泉喷口附近的环境极其相似；

（2）热泉喷口附近不仅温度非常高，而且又有大量的硫化物、CH_4、H_2和 CO_2 等，与地球形成时的早期环境相似。

由此，部分学者认为，热泉喷口附近的环境不仅可以为生命的出现以及其后的生命延续提供所需的能量和物质，而且还可以避免地外物体撞击地球时所造成的有害影响，因此热泉生态系统是孕育生命的理想场所。但另一些学者认为，生命可能是从地球表面产生，随后就蔓延到深海热泉喷口周围。以后的撞击毁灭了地球表面所有的生命，只有隐藏在深海喷口附近的生物得以保存下来并繁衍后代。因此，这些喷口附近的生物虽然不是地球上最早出现的，但却是现存所有生物的共同祖先。

◎ 揭开生命起源的神秘面纱

生命起源是一个亘古未解之谜，地球上的生命产生于何时何地？是怎样产生的？千百年来，人们在破解这一谜底之时，遇到了不少陷阱，同时也见到了前所未有的光明。在2500年前的春秋时代，老子在《道德经》里写到，道生一，一生二，二生三，三生万物。用现在的话说，就是地球上的生命是由少到多，慢慢演化而来。它们有一个共同的祖先，这个祖先就是一，而这个一是由天地而生，用今天的话说，可能就是由无机界所形成。直到19世纪，伴随着达尔文《物种起源》一书的问世，生物科学发生了前所未有的大变革，同时也为人类揭示生命起源这一千古之谜带来了一丝曙光，这就是现代的化学进化论。

生命的起源应当追溯到与生命有关的元素及化学分子的起源。因而，生命的起源过程应当从宇宙形成之初，通过所谓的“大爆炸”产生了碳、氢、氧、氮、磷、硫等构成生命的主要元素谈起。

达尔文

大约在66亿年前，银河系内发生过一次大爆炸，其碎片和散漫物质经过长时间的凝集，大约在46亿年前形成了太阳系。作为太阳系一员的地球也在46亿年前形成了。接着，冰冷的星云物质释放出大量的引力势能，再转化为动能、热能，致使温度升高，加上地球内部元素的放射性热能也发生增温作用，故初期的地球呈熔融状态。高温的地球在旋转过程中其中的物质发生分异，重的元素下沉到中心凝聚为地核，较轻的物质构成地幔和地壳，逐渐出现了圈层结构。这个过程经过了漫长的时间，大约在38亿年前出现原始地壳，这个时间与多数月球表面的岩石年龄一致。

生命的起源与演化是和宇宙的起源与演化密切相关的。生命的构成元素如碳、氢、氧、氮、磷、硫等是来自“大爆炸”后元素的演化。资料表明前生物阶段的化学演化并不局限于地球，在宇宙空间中广泛地存在着化学演化的产物。在星际演化中，某些生物单分子，如氨基酸、嘌呤、嘧啶等可能形成于星际尘埃或凝聚的星云中，接着在行星表面的一定条件下产生了像多肽、多聚核苷酸等生物高分子。通过若干前生物演化的过渡形式最终在地球上形成了最原始的生物系统，即具有原始细胞结构的生命。至此，生物学的演化开始，直到今天地球上产生了无数复杂的生命形式。

拓展阅读

热能

热能又称热量、能量等，它是生命的能源。人的每天劳务活动、体育运动、上课学习和从事其他一切活动，以及人体维持正常体温、各种生理活动都要消耗能量。就像蒸汽机需要烧煤、内燃机需要用汽油、电动机需要用电一样。

38亿年前，地球上形成了稳定的陆块，各种证据表明液态的水圈是热的，甚至是沸腾的。现生的一些极端嗜热的古细菌和甲烷菌可能最接近于地球上最古老的生命形式，其代谢方式可能是化学无机自养。澳大利亚西部瓦拉伍纳群中 35 亿年前的微生物可能是地球上最早的生命证据。

生命存在的物质基础

蛋白质是生命赖以存在的物质基础。生物细胞结构的主要成分就是蛋白质。比方，人的肌肉就是由蛋白质构成的。横纹肌的主要成分为球状蛋白质；平滑肌则为纤维状的胶元蛋白质。毛、发、甲等都由角蛋白质构成。人体中大多数调节生理生化作用的物质及一切具有生理功能的物质，无不以蛋白质为其主要成分。蛋白质与生命起源密切相关。

知识小链接

平滑肌

平滑肌是无纹肌的通称。被视为较横纹肌原始的一种肌肉。平滑肌除作为无脊椎动物的躯体肌而有广泛分布外，在脊椎动物除心肌之外而大部分内脏肌也是由平滑肌组成的。

蛋白质的起源就是生命的起源。没有蛋白质就没有生命。蛋白质是那么奇妙，各种各样的蛋白质形成了千差万别的生命。谁也说不清世界上到底有多少种蛋白质；谁也说不清构成人体的蛋白质到底有多少种。人和动物之所以不同，就是因为组成人体的蛋白质与组成动物的蛋白质是不相同的。动物之所以与植物不同，也是因为构成二者的蛋白质各有差异。生物既有共同的特性，却又彼此千差万别，其原因就在于所有生物体都由同一类型的东西（蛋白质）所构成；而这类蛋白质相互之间又是有所区别的。

恩格斯曾在《自然辩证法》中说："生命是蛋白体的存在方式，这个存在方式的基本因素在于和它周围的外部自然界的不断地新陈代谢，而且这种新陈代谢一停止，生命就随之停止，结果便是蛋白质的分解。如果有一天用化学方法制造蛋白体成功了，那么它们一定会显示生命现象，进行新陈代谢，虽然可能是很微弱的和短暂的。"

恩格斯的关于生命的哲学概括，基本上包括以下两点：①生命的物质基

恩格斯

础是蛋白体；②这种物质的存在形式就是进行自我更新，不断地与外界发生新陈代谢。

恩格斯的这个论断在科学上具有重大的意义。因为它说明了一切生命形式的共同性——生命与自然界其他现象的联系，同时也确定了生命质的特殊性。另外，还启示我们去研究生命物质运动形式的历史根源，提出了进一步认识生命的途径。

近代生物学工作者本着恩格斯的指示进行了很多有关生命活动本质的研究。在这方面积累了丰富的材料，充分地证明了恩格斯论断的正确性。

生命现象质的特征是生物体的自我更新。根据恩格斯的意见，生物体的自我更新，“首先是在于蛋白体从自己周围摄取其他的适当的物质，把它们同化，而体内其他比较老的部分则分解并且被排泄掉”。所以这是一个具有同化与异化两种作用的新陈代谢过程。生物的新陈代谢就是在生物体内进行着成千上万的独立的生物化学的反应过程，这些反应彼此之间有规律地结合在一起，构成了一个复杂的能量和物质转化网。在这个网中具有同化作用，通过合成将一些外界物质转变为生物体本身所固有的核酸、蛋白质和其他化合物。另外，通过异化作用，通过分解供给生命所需要的能源，并从体内排出废物。由此来看，生物体的新陈代谢是通过同化作用与异化作用两个方面的过程来实现的。

生物体的新陈代谢是一切生

你知道吗

恩格斯

弗里德里希冯恩格斯（1820 年 11 月 28 日－1895 年 8 月 5 日），德国思想家、哲学家、革命家，全世界无产阶级和劳动人民的伟大导师，马克思主义的创始人之一。恩格斯是卡尔马克思的挚友，被誉为“第二提琴手”，他为马克思从事学术研究提供了大量经济上的支持。在马克思逝世后，将马克思的大量手稿、遗著整理出版，并且成为国际工人运动众望所归的领袖。

命现象产生和发展的基础。上面说到，生命的质的特征就是生物体的自我更新，自我更新建立在新陈代谢的同化作用与异化作用矛盾对立统一的基础上，同化与异化的矛盾，是生物体内在的基本矛盾，它是生物体自我运动的源泉。生物体的其他一切生命特征如生长、繁殖、遗传、变异、适应性、激应性等都是建立在新陈代谢的基础上，通过新陈代谢产生的。所以，恩格斯说："从蛋白质的主要机能——通过摄食和排泄来进行的新陈代谢中，从蛋白质所特有的可塑性中，可以导出所有其他最简单的生命要素：刺激感应性；收缩性、成长的能力、内在的运动。"

此外，生物体的新陈代谢也是构成生物与其生活条件矛盾对立统一的基础。生物与生活条件的对立统一是生物进化发展的基本规律之一。生物的生活，不能脱离环境，因为环境是构成生物体所必需的唯一的物质源泉。另外，通过生命活动生物也能影响周围环境发生变化，所以生物与外界环境条件是一个相互依存、相互影响的对立统一整体。这个统一体不是静止的、合二而一的，其中有矛盾，有统一。这个矛盾和统一，同化作用与异化作用的矛盾与统一，便构成了生物界进化发展的原因之一。

生物和非生物，按其元素组成来说，只有量的差异，但就物质运动的形态来说，却有质的不同。辩证唯物主义认为，生命是物质运动的特殊形态，它是在物质的历史发展过程中产生的。那么，物质是怎样在发展过程中，由量变到质变，由无生物发展成生物的呢？

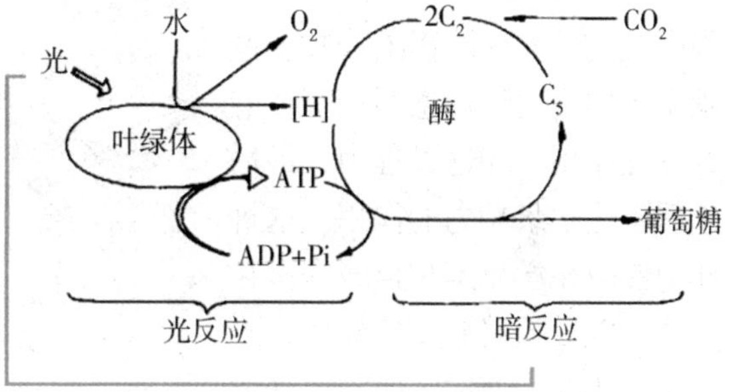

生物的光合作用示意图

过去，对生命起源问题曾有过许多不同的解释，最早流传的是生物自然发生论，说什么"腐草为萤"、"白石化羊"、"腐肉生蛆"，把生命说得似乎可以随时随地自然发生。但是这种承认生物是由非生物转化而来，承认生命的物质性，则是关于生命起源的最早的朴素唯物主义思想。因为限于当时的科学发展水平，自生论还不能正确地解释非生物为什么可以转化为生物的道理，有些看法只能是主观臆测。后来，出现了宗教，有人主张生命是"天"或"神"创造的。这种"神创论"或"天创论"历来被剥削阶级所利用，成为愚弄、压迫广大劳动人民的工具。不论“天命”也好，“天之志”也好，在他们看来，万物包括生物在内，都是“老天爷”创造的。在“天创论”的基础上，各种宗教、神话更把生物的产生说得神秘离奇，什么灵魂轮回转世啦，女娲抟土造人啦，上帝吹口气，泥娃娃就有了灵性啦，等等，辗转相传。随着科学的发展，有些学者便认为生物不是神创的，也不能自生，只能由生物产生生物，于是又出现了“生生论”。“生生论”并没有解决最早生命的来源问题，于是又有些学者主张生物是由别的星球上带来的，产生所谓“生命外来说”或“宇宙生命论”。这种理论仍然不能说明最初生命的起源问题。

恩格斯在《自然辩证法》一书中，不仅论述了生命的哲学定义，同时指出了生命是由非生命的物质发展而来的。他认为物质世界在发展过程中经历了很多变化，最后才产生了生命，因此，“生命是整个自然界的结果”。按照恩格斯的论述，生命的发生和发展可以分为以下两个阶段：

◎ 初生蛋白质小块的发生

恩格斯认为在天体的形成过程中，由于地球的逐渐冷却，便发生了物质运动形态的相互转变的交互作用，在这过程中，最后出现了化学亲和力的作用。这种作用使得化学元素化合成许多化合物。以后随着温度的降低，一部分气体变为液体，由液体变为固体：这样不断地发展、变化，便在地球上形成了一层硬壳，同时表面有了水的积蓄。以后当温度降到不超过蛋白质生存限度的时候，在其他适当的化学的先决条件下，有生命的原生质便形成了。至于这个先决条件是什么？当时还不知道。

拓展阅读

原生质

原生质是细胞内生命物质的总称。它的主要成分是蛋白质，核酸，脂质。原生质分化产生细胞膜、细胞质和细胞核。一个动物细胞就是一个原生质团。植物细胞由原生质体和细胞壁组成。

恩格斯认为最初产生的是蛋白质小块。它必然具备了从氧、二氧化碳、阿姆尼亚以及溶解在周围的水里的一些盐类中吸取养料的能力。这种无形态分化的蛋白质小块“……执行着生命的一切主要机能：消化、排泄、运动、收缩、对刺激的反应、繁殖”。对这种蛋白质小块，恩格斯认为应该称为有生命的原生质了。

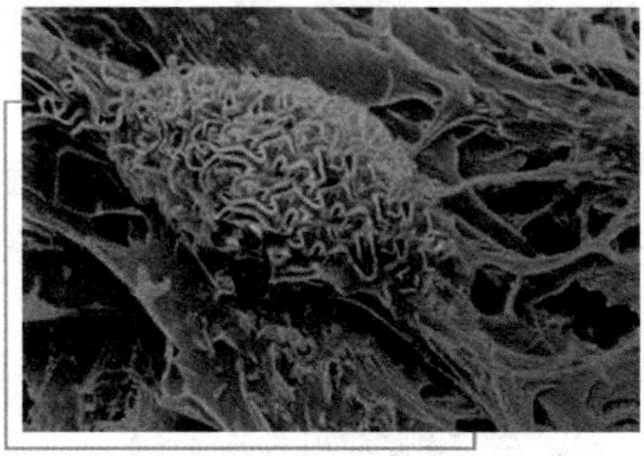

各种不同的细胞

◎细胞的产生

生命发生以后，在生命进化的某一阶段上，恩格斯认为，从那种以某种形式伸出和缩回伪足的简单蛋白质小块，可以形成无细胞的原生生物。这种原生生物与现代的变形虫是不同的。以后，在蛋白质中又分化出核和质，从此，形体的形成就加快了。又经过较长的时间，便产生了具有细胞膜的细胞。随着细胞的产生便提供了整个生物界形态形成的基础。由单细胞生物逐渐发展成多细胞生物，又进一步发展成更复杂的生物体。

恩格斯的这些见解，给我们指出了解决生命起源问题的方向。首先，生命是在物质发展过程中产生的，因此应从物质的发展过程中去寻找生命的起源；其次，在解决生命起源问题时，必须研究蛋白质的起源问题。因为没有蛋白质，就没有生命。同时，在研究蛋白质的形成时，应通过化学的方法来解决。因为“生命的起源必然是通过化学的途径实现的”。

你知道世界上最早的生物吗？

最初的地球不是现在这个样子，海洋是后来才形成的。雨水和河水不断地把各种化合物带到海洋里。越来越多的化合物在海水里相互作用，渐渐地产生了一些结构越来越复杂的化合物，一些蛋白质状的东西。后来又逐渐产生出能进行生命过程的小物体，这就是蛋白体。恩格斯曾经指出：生命是蛋白体存在的基本方式。原始蛋白体进一步发展，就出现了细胞。细胞是各种植物和动物的身体结构的基本单位。最早的动物都是单细胞动物，分裂产生的子细胞仍旧单独生活。单细胞生物虽然只由一个细胞构成，但也能完成营养、呼吸、排泄、运动、生殖和调节等生命活动。多细胞动物是后来才发展起来的。这就是说，在进化的过程中，某些单细胞动物的遗传性发生了变化，

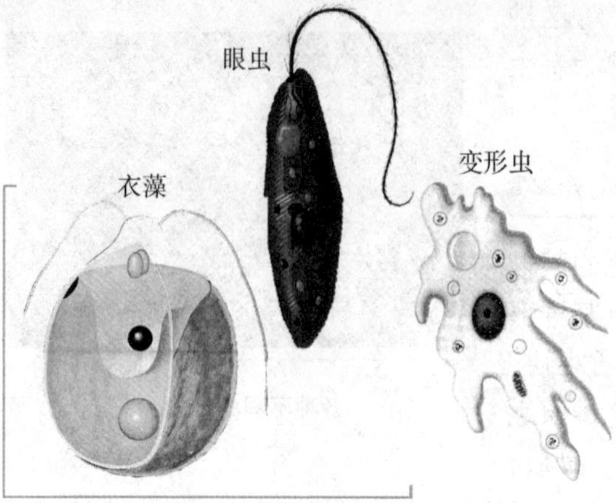

单细胞生物

它们所产生的子细胞彼此不再分开，联合成为细胞集团。

最早的这种细胞集团也是很简单的，许多细胞虽然联合在一起了，仍然各自管自己的生活。慢慢地，有些简单的细胞集团起了很大的变化，联合在一起的细胞逐渐分化，成为各种器官，来分担生活上的各种工作。这样，细胞之间就开始了分工合作。有些细胞就发展成为一根管子，管子的开口就是嘴。这根管子专门消化食物，把营养物质供应给所有生活在一起的细胞。有些细胞又发展成为神经。神经能将消息从这一部分传达到另一部分，好像电话线一样。后来，动物又长大了一些，有些细胞又发展成为血管系统，营养物质就可以通过血管输送给体内所有的细胞。因为有些细胞已经离开消化道很远，不能直接从消化道取得营养物质了。

基本小知识

色素

色素也可以称为色阶，它是表示显示屏幕亮度强弱的指数标准，也就是我们说的色彩指数。显示屏的色彩丰满度和精细度是由色阶决定的。业界的标准有256色、4096色、65536色。彩屏手机的色阶是以16倍为基数增长的。

现在还不知道这些复杂的变化经历了多少亿年。因为那些古老的动物又微小又柔软，很不容易留下化石来。不过我们已经知道，在5亿~6亿年以前，所有的最重要的无脊椎动物都已发展出来了。在自然博物馆里，就陈列着它们的化石。

世界上最早的生物蓝藻出现。蓝藻是藻类生物，又叫蓝绿藻；大多数蓝藻的细胞壁外面有胶质衣，因此又叫黏藻。在所有生物中，蓝藻是最简单、最原始的一种，大约出现在距今35亿～33亿年前。

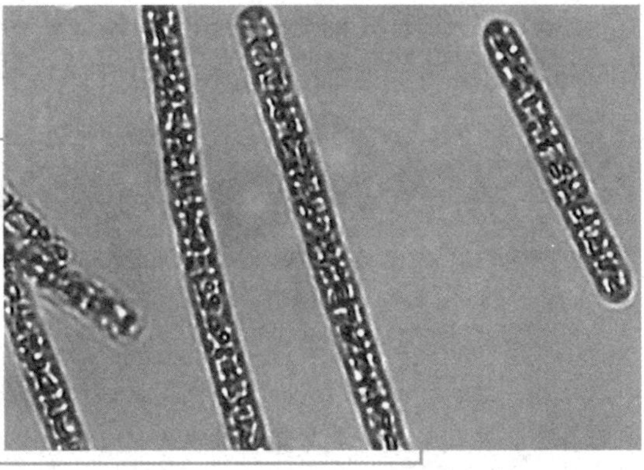

蓝　藻

蓝藻是单细胞生物，没有细胞核，但细胞中央含有核物质，通常呈颗粒状或网状，染色体和色素均匀地分布在细胞质中。该核物质没有核膜和核仁，但具有核的功能，故称其为原核。和细菌一样，蓝藻属于“原核生物”。它和具原核的细菌等一起，单立为原核生物界。

蓝藻不具有叶绿体、线粒体、高尔基体、内质网和液泡等细胞器，含叶绿素a，无叶绿素b，含数种叶黄素和胡萝卜素，还含有藻胆素（是藻红素、藻蓝素和别藻蓝素的总称）。一般说，凡含叶绿素a和藻蓝素量较大的，细胞大多呈蓝绿色。同样，也有少数种类含有较多的藻红素，藻体多呈红色，如生于红海中的一种蓝藻，名叫红海束毛藻，由于它含的藻红素量多，藻体呈红色，而且繁殖得也快，故使海水也呈红色，红海便由此而得名。蓝藻虽无叶绿体，但在电镜下可见细胞质中有很多光合膜，叫类囊体，各种光合色素均附于其上，光合作用过程在此进行。

蓝藻的细胞壁和细菌的细胞壁的化学组成类似，主要为黏肽；贮藏的光合产物主要为蓝藻淀粉和蓝藻颗粒体等。细胞壁分内外两层，内层是纤维素的，少数人认为是果胶质和半纤维素的。外层是胶质衣鞘以果胶质为主，或有少量纤维素。内壁可继续向外分泌胶质

趣味点击　果胶质

果胶质构成高等植物细胞质的物质并使相邻近的细胞壁相连。天然的果胶质又称为原果胶。天然果胶质的主要组成是由D－半乳糖醛酸以d－1.4糖苷键相连形成的直链高分子化合物，其中大部分羧基已形成甲基酯，而不含甲基酯的称为果胶酸。

增加到胶鞘中。有些种类的胶鞘很坚密伴可有层理，有些种类胶鞘很易水化，相邻细胞的胶鞘可互相溶和。胶鞘中可有棕、红、灰等非光合作用色素。

知识小链接

丝状体

丝状体呈纤丝状，伸出于菌体外，由鞭毛蛋白紧密排列并缠绕而成的中空管状结构。丝状体的作用犹如船舶或飞机的螺旋桨推进器。鞭毛蛋白是一种弹力纤维蛋白，其氨基酸组成与骨骼肌中的肌动蛋白相似，可能与鞭毛的运动有关。

蓝藻的藻体有单细胞体的、群体的和丝状体的。最简单的是单细胞体。有些单细胞体由于细胞分裂后子细胞包埋在胶化的母细胞壁内而成为群体，如若反复分裂，群体中的细胞可以很多，较大的群体可以破裂成数个较小的群体。有些单细胞体由于附着生活，有了基部和顶部的极性分化，丝状体是由于细胞分裂按同一个分裂面反复分裂、子细胞相接而形成的。有些丝状体上的细胞都一样，有些丝状体上有异形胞的分化；有的丝状体有伪枝或真分枝，有的丝状体的顶部细胞逐渐尖窄成为毛体，这也叫有极性的分化。丝状体也可以连成群体，包在公共的胶质衣鞘中，这是多细胞个体组成的群体。蓝藻是最早的光合放氧生物，对地球表面从无氧的大气环境变为有氧环境起了巨大的作用。

“黎明前的黑暗”漫长的元古代

太古代是地质发展史中最古老的时期，始于迄今 46 亿年前（地球出现），结束于迄今 24 亿 ~ 38 亿年前。之所以如此模糊，一是因为有人把迄今 38 亿年前早期岩石还没有形成的时期单划分成冥古代；二是由于年代久远，太古代的保存下来的地质纪录非常破碎、零散。地球的岩石圈、水圈、大气圈和生命的形成都发生在这一重要而又漫长的时期。大约 38 亿年前，地球形成最初的永久地壳，至 35 亿年前大气圈、海水开始形成。太古代晚期出现原核生物。迄今 24 亿年前细菌和蓝藻开始繁盛生命，出现“生命大爆炸”，元古代开始。

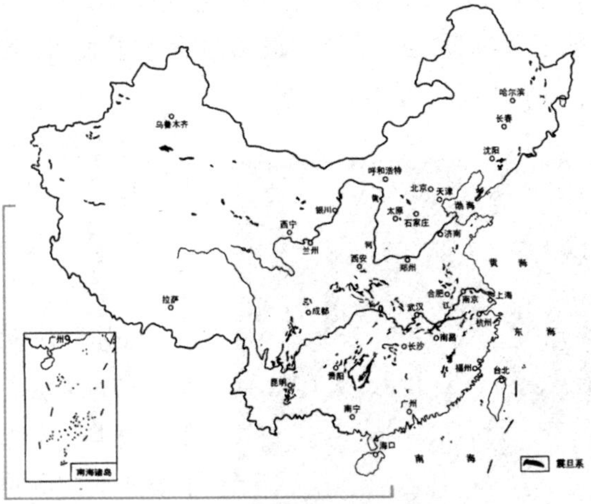

我国震旦系露头分布图

元古代是紧接在太古代之后的一个地质年代，一般指距今24亿年前~5.7亿年前这一段地质时期。这一时期，现在的陆地在那时大部仍然被海洋所占据，地壳运动剧烈，到了晚期，北方劳亚古陆和南方冈瓦纳大陆的面积扩大了许多，出现了若干大片陆地。到元古代晚期，即震旦纪（距今6~8亿年）那时候，我国大陆范围内已出现好几块陆地（岛），就成为今后大陆扩大的基础。那时的长江流域处于高纬度附近，还有北美洲、亚洲的部分地区，以及南美洲南端、澳大利亚东南和新西兰等地。在我国，许多地区已经露出海面而成为陆地，而青藏高原的大部分仍然被海水占据。元古代晚期时间为大约从距今8亿年以前到元古代结束，震旦是古代印

广角镜

沉积岩

沉积岩，又称为水成岩，是三种组成地球岩石圈的主要岩石之一（另外两种是岩浆岩和变质岩）。是在地表不太深的地方，将其他岩石的风化产物和一些火山喷发物，经过水流或冰川的搬运、沉积、成岩作用形成的岩石。在地球地表，有70%的岩石是沉积岩，但如果从地球表面到16公里深的整个岩石圈算，沉积岩只占5%。沉积岩主要包括有石灰岩、砂岩、页岩等。沉积岩中所含有的矿产，占全部世界矿产蕴藏量的80%。

度对我国的称呼。在震旦纪，出现了全球性的大冰期，称为震旦纪大冰期，是地球发展史上的三大冰期之一。冰川最盛时覆盖了亚洲、欧洲、美洲、大洋洲的许多地区，有的地方冰层厚达千米。

元古代

元古界的岩石变质程度较浅，并有一部分未变质的沉积岩。主要有板岩、大理岩、千枚岩、白云岩、石灰岩、页岩、砂岩和冰碛层等。由蓝藻等形成的叠层石非常丰富。藻类和菌类开始繁盛，晚期出现了埃迪卡拉动物群。我国的元古代地层广泛分布于南北各地。元古代早期火山活动仍相当频繁，生物界仍处于缓慢，低水平进化阶段，生物主要是叠层石以及其中分离得到的生物成因有机碳和球状、丝状蓝藻化石，由于这些光合生物的发展，大气圈已有更多的氧气。

在 19 亿年前，大陆地壳不断增厚，开始发育有盖层沉积，地球表面始终保持着一种十分有利于生命发展的环境。蓝藻和细菌继续发展，到距今 13 亿年前，已有最低等的真核生物——绿藻出现。在元古代晚期，盖层沉积继续增厚，火山活动大为减弱，并出现广泛的冰川，从此地球具有明显的分带性气候环境，为生物发展的多样性提供了自然条件，著名的后生动物群——澳大利亚埃迪卡拉动物群就出现这个时期。地质年代的第二个代，约开始于 24 亿年前，结束于 5.7 亿年前的“生命大爆发”。这一时期，现在的陆地在那时大部仍然被海洋所占据，地壳运动

你知道吗

有机碳

有机碳是沉积岩中含有的与有机质有关的碳素。常用单位质量岩石中有机碳的质量分数表示。有机碳是生油岩研究中的一个基础指标，它可用于确定生油岩、指示有机质丰度，判断生油效率、转化效率和演变程度，计算生油量，推测石油初次运移方向等。

剧烈，到了晚期，北方劳亚古陆和南方冈瓦纳大陆的面积扩大了许多，出现了若干大片陆地。

元古代晚期在我国被称为震旦纪，时间为大约从距今 8 亿年以前到元古代结束，震旦是古代印度对我国的称呼。在震旦纪，出现了全球性的大冰期，称为震旦纪大冰期，是地球发展史上的三大冰期之一。冰川最盛时覆盖了亚洲、欧洲、美洲、大洋洲的许多地区，有的地方冰层厚达千米。

元古代时期，海水里的生命活动明显地加强了，生物界由原核细胞形式演变为真核细胞形式，但演变的过程和时间还不清楚。这时细菌和蓝藻开始繁盛，后来又出现了红藻、绿藻等真核藻类。藻类在生长过程中黏附海水中的沉积物颗粒形成层纹状结构物，称作叠层石，叠层石是地球上最早的生物礁，出现于太古代而在元古代达到顶盛。除了藻类生物外，元古代结束前，海洋里出现了一些如海绵等低等无脊椎动物。“元古代”的意思，就是原始时代。藻类和细菌开始繁盛，到晚期无脊椎动物偶有发现。与太古代相比，这一代的岩石变质程度较浅，并有一部分未经变质的沉积岩。

元古代早期火山活动仍相当频繁，生物界仍处于缓慢，低水平进化阶段，生物主要是叠层石以及其中分离得到的生物成因有机碳和球状、丝状蓝藻化石，由于这些光合生物的发展，大气圈已有更多的氧气。在 19 亿年前，大陆地壳不断增厚，开始发育有盖层沉积，地球表面始终保持着一种十分有利于生命发展的环境。蓝藻和细菌继续发展，到距今 13 亿年前，已有最低等的真核生物——绿藻出现。在元古代晚期，盖层沉积继续增厚，火山活动大为减弱，并出现广泛的冰川，从此地球具有明显的分带性气候环境，为生物发展的多样性提供了自然条件，著名的后生动物群——澳大利亚埃迪卡拉动物群就出现在这个时期。

知识小链接

千枚岩

千枚岩是显微变晶片理发育面上呈绢丝光泽的低级变质岩。变质程度介于板岩和片岩之间。

元古代时期，海水里的生命活动明显地加强了。元古代早期，浅变质的板岩、千枚岩及大理岩广泛分布。特别是碳酸盐类岩石的大量出现，说明大气成分中的氧和二氧化碳都有增高，主要是因为藻类植物的种类和数量已经增加，元古代又称为菌藻植物时代。元古代后期，有不少地区（如燕山地区）出现了许多变质轻微的岩层。元古代早期火山活动仍相当频繁，生物界仍处于缓慢、低水平进化阶段，生物主要是叠层石以及其中分离得到的生物成因有机碳和球状、丝状蓝藻化石，由于这些光合生物的发展，大气圈已有更多的氧气。在19亿年前，大陆地壳不断增厚，开始发育有盖层沉积，地球表面始终保持着一种十分有利于生命发展的环境。

生命大爆发的印记——埃迪卡拉动物群

寒武纪生命大爆发被称为古生物学和地质学上的一大悬案，自达尔文以来就一直困扰着进化论等学术界。大约6亿年前，绝大多数无脊椎动物门在几百万年的很短时间内出现了。这种几乎是“同时”地、“突然”地出现在寒武纪地层中门类众多的无脊椎动物化石（节肢动物、软体动物、腕足动物和环节动物等），而在寒武纪之前更为古老的地层中长期以来却找不到动物化石的现象，被古生物学家称作“寒武纪生命大爆发”。

寒武爆发吸引了无数的古生物学家和进化论者去寻找证据探讨其起因。100多年以来的证据产生出解释寒武爆发的两种基本观点。一种观点认为，寒武爆发是一种假象，

你知道吗

群落

群落亦称生物群落，是指具有直接或间接关系的多种生物种群的有规律的组合，具有复杂的种间关系。我们把在一定生活环境中的所有生物种群的总和叫做生物群落，简称群落。组成群落的各种生物种群不是任意地拼凑在一起的，而有规律组合在一起才能形成一个稳定的群落。如在农田生态系统中的各种生物种群是根据人们的需要组合在一起的，而不是由于他们的复杂的营养关系组合在一起，所以农田生态系统极不稳定，离开了人的因素就很容易被草原生态系统所替代。

由于进化是渐进的，所谓的“爆发”只是表明首次在生物化石记录中发现了早在前寒武纪就已经广泛存在并发展的生物，其他的生物化石群则可能由于地质记录的不完全而“缺档”，造成这种“缺档”的原因是前寒武纪地层经历着热与压力，其中的化石被销毁了。另一种观点认为，寒武爆发代表了生物进化过程中的真实事件。

1965 年，两位美国物理学家提出了寒武爆发是由于地球大气的氧水平这个物理因素造成的。他们认为，在早期地球的大气中含有很少或根本就没有自由氧，氧是前寒武纪藻类植物光合作用的产物并逐渐积累形成的。后生动物需要大量的氧，一方面用于呼吸作用，另一方面氧还以臭氧的形式在大气中吸收大量有害的紫外线，使后生动物免于有害辐射的损伤。

从化石资料来看，真核藻类大约在 9 亿年前出现了有性生殖，实际上，有性生殖出现得更早。有性生殖的发生在整个生物界的进化过程中有着极其重大的作用，由于有性生殖提供了遗传变异性，从而有可能进一步增加了生物的多样性，这是造成寒武爆发的原因之一。

生物收割者假说是美国生态学家斯坦利提出的，斯坦利认为，在前寒武纪的 25 亿年的多数时间里，海洋是一个以原核蓝藻这样简单的初级生产者所组成的生态系统，营养级简单唯一。由于物理空间被这种种类少但数量大的生物群落顽强地占据着，所以这种群落的进化非常缓慢，从未有过丰富的多样性。寒武爆发的关键是草食收割者的出现和进化，收割者为生产者有更大的多样性制造了空间，而这种生产者多样性的增加又导致了更特异的收割者的进化。营养级金字塔按两个方向迅速发展，从而使得整个生态系统的生物多样性不断丰富，最终导致了寒武纪生命大爆发的产生。

寒武爆发作为地史上的第二大悬案一直为人们所关注。随着化石的不断发现及新理论的建立，这一谜团最终将大白于天下。

趣味点击　**水母**

水母，是海洋中重要的大型浮游生物。水母寿命很短，平均只有数个月的生命。水母是无脊椎动物，属于腔肠动物门中的一员。全世界的海洋中有超过两百种的水母，它们分布于全球各地的水域里。

对于寒武纪生命大爆发最有说服力的无疑就是埃迪卡拉动物群。1947年，在澳大利亚南部的阿得雷德山脉以北的埃迪卡拉地区，发现了一些圆形的像水母样的印痕化石，称为“埃迪卡拉动物群”。它包含了多种形态奇特的动物化石：身体巨大而扁平、多呈椭圆形或条带形，具有平滑的有机质膜，是人们迄今为止发现的最古老、最原始的化石，也是在太古代地层中发现的最有说服力的生物证据。

在后来对埃迪卡拉地区重新进行深入细致的研究中，采集到几千块化石，有的是圆形的压印，同现代水母相似；有的是柄状的印痕，与现代的海鳃相似，也是一种腔肠动物；有的像细长的蠕虫那样的印痕，有一个像马蹄形的头和约40个完全相同的体节所组成，与现代的环节动物相似；还有椭圆形、盾形印痕，并且有T形的纹道，可能是节肢动物，它们同现在已知的任何一种生物都不相似。奇怪的形态令许多学者相信，埃迪卡拉（型）动物群是后生动物出现后的第一次适应辐射，它们采取的不同于现代大多数动物采取的形体结构变化方式。不增加内部结构的复杂性，只改变躯体的基本形态，变得非常薄，成条带状或薄饼状，使体内各部分充分接近外表面，在没有内部器官的情况下进行呼吸和摄取营养。

埃迪卡拉动物群的发现和研究，大大地促进了前寒武纪古生物学的发展，也纠正了过去认为无脊椎动物在寒武纪初期才发生的观点；也把原来以为只有6亿年左右的后生动物历史，大大向前推进了。

埃迪卡拉动物群的组成说明它生活于海洋环境，从沉积物来看说明是浅海，大概只有6~7米的深度，并距海岸很近。在这样的环境下，蠕虫状动物可在海底沙里钻洞或在沙上觅食，海羽笔类可以扎根沙里。大多数水母是从开阔海洋漂浮而来的。一些狄更逊蠕虫体在它们被埋藏的地方显示了收缩与扩张。还有一个种有许多大小不同生长阶段的个体，这说明它们生活的地方与埋藏的地方很近。可以认为艾迪卡拉（型）动物群是在元古宙末期大气氧含量较低的条件下后生动物大规模占领浅海的一次尝试，结果失败了，而导致绝灭。在后来的演化过程中，后生动物采取了第二种方式，使内部的器官复杂化和物种多样化的发展，即生物系统演化。

山西黎城重大发现

山西黎城县北部的黎城黄崖洞遗址公园，是当年八路军最重要的兵工基地，现为红色旅游景区。地质科学家发现，这里的中元古代生物遗迹非常丰富。

中国地质科学家郑元等在《地质论评》上发表了相关论文，提出在遗址公园内的中元古界（17～10亿年前）砂岩夹页岩的层面上，除波痕、泥裂等常见构造外，还有“石蚯蚓”、“弧形迹”、“星形迹”等多种遗迹。

初步分析认为，这些自由弯曲水平潜穴或爬迹、“S”或“8”形遗迹等，用简单的力学原理难以解释它们的形成机制，可能为蠕虫动物觅食的遗迹；而星形迹两端变尖，常组成三射星形，与已报道的冰晶痕相似。更奇特的是，可以从中看到痕迹间具有渐变过渡的特征。

黎城黄崖洞（1）

黎城黄崖洞（2）

黎城黄崖洞（3）

一般认为，地球上的多细胞生命从寒武纪之初的“生命大爆炸”才开始出现，然而近10年来的研究成果显示，早在中元古代就有类似于蠕虫的动物存在了，其主要证据恰恰是痕迹化石。中元古代生物遗迹过去在我国华北地区有零星报道，但如此大量集中地发现，在我国还是第一次。

郑元等认为，黄崖洞遗址公园的某些痕迹肯定是蠕虫类原始后生动物的活动痕迹，特别是“8”形、“S”形及边缘具横纹的那些遗迹。也有许多可能是与微生物席有关的构造。他们还认为各种痕迹之间必然有某种联系，共同反映了当时的古地理和古气候特征，也反映了当时的生物演化特点。泥裂构造、鱼骨状交错层理、削顶波痕、浪成波痕等共同反映了当时潮间带的沉积环境，而相关微生物席构造也完全与潮间带的环境吻合。可以明确肯定的几种痕迹化石，也是在极浅的浅水环境下形成的。这些特征反映了后生动物和微生物席在中元古代的繁盛特点：以藻青菌为主的微生物席为大量的蠕虫动物提供了良好的食物，而蠕虫动物死亡后也反过来为藻青菌提供营养物质。

黎城黄崖洞的中元古代缓倾斜砂岩夹泥岩地层与河北的嶂石岩地貌、河南的云台山地貌等具有相似的地貌特征。其中的陡崖为中元古代砂岩地层提供了良好的观测露头，为华北地区中元古代地层对比、沉积环境探讨、古气候重建以及生物演化研究提供了良好的观测场所。

破解生命的奥秘

无脊椎动物的前世今生

POJIE SHENGMING DE AOMI

无脊椎动物种类繁多，生活环境多样，五彩珊瑚、海中“葵花”、大王乌贼、燕尾凤蝶……这里聚集着地球上数量庞大的动物类群，这里讲述着最新鲜有趣的无脊椎动物的故事、令人惊叹的场景照片、新鲜生动的知识点，全面揭秘无脊椎动物世界中最不可思议的谜团。

生命的“黄金时代”——寒武纪

寒武纪，古生代的第一个纪，距今约5.4亿～5.1亿年，因为距离我们现在还很遥远，大多人在文学创作时喜欢将它理解为“天长地久”。寒武纪是现代生物的开始阶段，是地球上现代生命开始出现、发展的时期，这个时期的地球大陆特征完全不同于今天。寒武纪常被称为“三叶虫的时代”，这是因为寒武纪岩石中保存有比其他类群丰富的矿化的三叶虫硬壳。当时出现了丰富多样且比较高级的海生无脊椎动物，保存了大量的化石，从而有可能研究当时生物界的状况，并能够利用生物地层学方法来划分和对比地层，进而研究有机界和无机界比较完整的发展历史。

水族馆中的寒武纪

在潮湿的低地，虽分布有苔藓和地衣类的低等植物，但它们还缺乏真正的根茎组织，难以在干燥地区生活；无脊椎动物也还没有演化出适应在空气中生活的机能。寒武纪没有真正的陆生生物，大陆上缺乏生气、荒凉一片。此外，在寒武世时，具有硬壳的动物第一

趣味点击

三叶虫

三叶虫是最有代表性的远古动物，距今5.6亿年前的寒武纪就出现，5亿—4.3亿年前发展到高峰，至2.4亿年前的二迭纪完全灭绝，前后在地球上生存了3.2亿多年，可见这是一类生命力极强的生物。在漫长的时间长河中，它们演化出繁多的种类，有的长达70厘米，有的只有2毫米。背壳纵分为三部分，因此名为三叶虫。

广角镜

冰河

冰河即冰川，指极地或高山地区由积雪变质而成沿着地面自行流动的冰体。是陆地上重要水体之一。可分为大陆冰川和山岳冰川两大类。现代冰川的总面积约1627.7万平方公里，占全球陆地总面积的10.9%，主要分布在两极地区和一部分高山上。

次大量地出现，许多大陆都被浅海所泛滥，超大陆刚瓦那（Gondwana）则正在南极附近形成。寒武纪晚期地球海陆分布图形成于前寒武世末期（大约距今6亿年前）的超大陆潘诺西亚（Pannotia），在古生代的时候开始分裂，一个新的海洋——巨神海（Iapetus Ocean）在劳伦西亚（Laurentia，北美）、波罗地（Baltica，北欧）和西伯利亚（Siberia）这几个古大陆之间扩张。超大陆冈瓦那（Gondwana）则在泛非褶皱带上组合而成当时最大的大陆，范围从赤道延伸到南极。在奥陶世时期，温暖的海水把石灰岩和盐岩沉淀在冈瓦那大陆的赤道地区（Australia 澳大利亚、India 印度、China 中国与 Antarctica 南极洲），同时在冈瓦那大陆的南极地区（Africa 非洲与 South America 南美）则沉淀了冰河的沉积及冰漂的碎屑。寒武纪的开始，却标志着地球进入了生物大繁荣的新阶段，生物一时间生命大爆发，出现了前所未有的繁荣。

张夏寒武纪地层剖面

◎闻名的张夏寒武纪地层剖面

张夏寒武纪地层剖面，在泰山主峰之北，位于泰安和济南之间交通干线的两侧，交通方便，而且构造简单，出露完全，十分有利于现场观察和研究。它是我国地层和古生物研究历史最长、研究程度最高的地层剖面之一，在我国地质学史上占有很重要地位。1959 全国地层会议后，被正式确定为我国北方寒武系的标准地层剖面，在我国不同地区寒武纪地层对比和国际寒武纪地层对比方面起着重要作用，同时也是许多寒武纪古生物种属（蒿里山虫 Kaolizhania、中华莱德利基虫 Redichia Chinesis、馒头褶颊虫 Ptychopariamantoensis、山东虫 Shantungia、孙氏盾虫 Sunasp - is Lavevis）命名地或模式标本的原产地。

随着真核生物的出现，动、植物开始分化和发展。地史上最早的动物化石是距今 6 ~ 7 亿年澳大利亚的伊迪卡拉动物群，从动物的分化水平看，伊迪卡拉动物群已是较后期的类型，不是动物的原始代表。这标志着后生动物早已出现，并经历了一段相当长的分化演变过程。

随后是距今 6 亿年，延续了约 1.7 亿年，在生物演化史上称为“海洋藻类时代”和“海洋无脊椎动物时代”。植物仍以海生藻类为主，但很难保存为完好的化石。由于植物进化速度远较动物缓慢，早古生代植物界一直停留在藻类阶段。藻类的大量繁育不仅为海洋无脊椎动物提供了丰富的食物资源，而且通过叶绿素光合作用，放出氧气，为海洋无脊椎动物的发展，准备了有利的生活环境。

继元古宙末期伊迪卡拉后生裸露动物群之后，于早期，出现了地史上最早具钙质硬壳的小壳动物群，这与当时海水富含钙质有关。由于发生了矿化事件，使得寒武纪保存的化石突然增多。这一时期称为“非三叶虫时代”。进入三叶虫时代后，在中国云南发现了距今 5.7 亿年的澄江动物群，是目前世界上保存最早的软体的多门类动物群。随后，腔肠动

趣味点击

鹦鹉螺

鹦鹉螺是海洋软体动物，共有七种，仅存于印度洋和太平洋海区，壳薄而轻，呈螺旋形盘卷，壳的表面呈白色或者乳白色，生长纹从壳的脐部辐射而出，平滑细密，多为红褐色。整个螺旋形外壳光滑如圆盘状，形似鹦鹉嘴，故此得名“鹦鹉螺”。鹦鹉螺已经在地球上经历了数亿年的演变，但外形、习性等变化很小，被称作海洋中的“活化石”，在研究生物进化和古生物学等方面有很高的价值。在现代仿生科学上也占有一席之地，1954 年世界第一艘核潜艇“鹦鹉螺”号诞生，许多国家的潜艇也以“鹦鹉螺”命名。

物、古杯类、软体动物（双壳、腹足、头足）、棘皮动物、牙形刺、笔石等相继出现。其中以三叶虫演化迅速、生态分异明显，分布遍及全球整个海域，在动物界中占绝对优势，因而称寒武纪为“三叶虫时代”。古杯类是地史上最早的造礁动物，生活于早寒武世，中寒武世早期绝灭，是生物史上第一个完全绝灭的造礁动物门类。

当时是自然环境有利于海洋无脊椎动物继续发展的时代，层孔虫、苔藓虫等先后出现，笔石、腕足类、鹦鹉螺等显著分异。树形笔石继续发展，一部分固着在海底生活，而大部分远洋漂浮生活，遍及全球海域。到早奥陶世中期，正笔石类兴起、演化迅速，是奥陶纪的重要分带化石。腕足类出现了分异的第一个高峰期，在数量上占重要地位。鹦鹉螺开始出现于晚寒武世，到奥陶纪分异明显，种类繁多，个体较大，是营游泳生活的凶猛食肉动物。珊瑚最早出现于寒武纪，至中、晚奥陶世大量繁育，同层孔虫、苔藓虫等一起，是温暖浅海的重要造礁动物。海洋无脊椎动物新类群的出现和多样化，加剧了浅海陆棚区的生存竞争。

一些生物延续时间较短，但有新的发展。其中最重要的生物事件是，三叶虫显著衰退，笔石向简化方向演变，单笔石兴起并大量发展。珊瑚以床板珊瑚和日射珊瑚为主，出现了特有的链珊瑚。腕足类出现了内部构造更为复杂的五房贝和展翼状外壳的石燕贝。鹦鹉螺显著减少但仍有代表。节肢动物中形体最大的板足鲎类最早出现于奥陶纪，到志留纪大量繁育，志留纪末，由于受加里东运动的影响，海水逐渐退去。部分生物为了适应新的生活环境，由海洋向陆地生活转变。

蠕虫、腕足动物“独领风骚”

◎古今蠕虫

300 多年前的 18 世纪，生物学的系统分类还很不完善。当时的著名分类学家林耐把那些身体大致呈长形、缺少外骨骼、运动方式为靠皮肤肌肉收缩和体液压力进行蠕动的“虫子”统称为蠕虫动物。

实际上，所谓蠕虫动物是许多原始的刚刚有三胚层身体结构的动物的统称，它包括了许多庞杂的类群。所谓三胚层，就是在类似于珊瑚或是海绵那样的只有内、外两个胚层的动物的身体结构基础上又在内胚层和外胚层之间形成了中胚层。除了中胚层产生之外，所有的蠕虫动物也还有一些其他的共同特点，如身体两侧对称、身体分节、形成了雏形的附肢——疣足等。

知识小链接

内胚层

内胚层是动物胚胎三胚层中最靠内的一层。将分化出原肠腔壁的上皮组织，如肠上皮、肺上皮等。由上胚层细胞增殖并迁出的部分细胞进入下胚层，并逐渐全部置换了下胚层细胞而形成的新的细胞层。

地层中的腕足动物化石

根据有无体腔的形成，科学家把蠕虫动物首先分为无体腔、假体腔和真体腔三大类。其中，无体腔蠕虫动物包括扁形动物门和纽虫动物门两大门类，假体腔蠕虫动物包括线虫动物门、线形动物门、轮虫动物门、腹毛动物门、动吻动物门和棘头动物门，而真体腔蠕虫动物则包括螠门、星虫门、鳃曳动物门和环节动物门。无体腔蠕虫动物和假体腔蠕虫动物保存下来的化石非常稀少，仅有一些寄生类化石、印痕化石等。

真体腔蠕虫动物的遗体化石也很少，但是虫颚（虫牙）和遗迹化石较为丰富。20 世纪 90 年代，我国科学家在云南省澄江地区发现了大量的寒武纪古生物化石，被称为“澄江动物群”，其中就有属于鳃曳动物门的蠕虫动物遗体化石，如帽天山虫、环饰蠕虫和古蠕虫等。这些 5 亿多年前潜居在古海洋海底泥沙中的古老生物为科学家研究地球早期的动物进化及地球早期生态环境提供了难得的线索。

◎古今腕足动物

腕足动物是生活在海底的一大类有壳的无脊椎动物，它们的两瓣壳大小不一样，壳质是钙质或几丁磷灰质。腕足动物在幼虫期要度过几天到两个星期的时间营浮游生活，然后长出肉茎附着于海底营固着生活，不过也有一些种类是以次生胶结物或壳刺固着于海底或自由躺卧着生活。

拓展阅读

腕足动物

腕足动物是生活在海底的一大类有壳的无脊椎动物，它们的两瓣壳大小不一样，壳质是钙质或几丁磷灰质。腕足动物在幼虫期要度过几天到两个星期的时间营浮游生活，然后长出肉茎附着于海底营固着生活，不过也有一些种类是以次生胶结物或壳刺固着于海底或自由躺卧着生活。

现代仍有 7 个超科、84 个属、将近 300 种的腕足动物生活着，而在地质历史时期它们就更繁盛了，从 6 亿年前的寒武纪到 1 万年前的第四纪都有化石记录，截止到 1979 年时已经被科学家描述过的属就有 3377 个，种数则超过了 32000 个。这些林林总总的腕足动物化石在确定地质时代上有着重要的意义。

腕足动物化石

科学家把腕足动物分成了 4 个纲：无铰纲、始铰纲、具铰纲和腕铰纲。其中，无铰纲包括舌形贝目、乳孔贝目、神父贝目和髑髅贝目；始铰纲包括三分贝目和尼苏贝目；具铰纲包括正形贝目、五房贝目、扭月贝目和长身贝目；腕铰纲则包括小嘴贝目、穿孔贝目、无洞贝目、无窗贝目和石燕目。

现代腕足类动物在浅海、半深海和深海环境里都有发现，而且最适合于在正常盐度的海洋里生活。淡化的海中除了舌形贝之外很少发现有其他的腕足动物，例如波罗的海和其他北欧海域没有腕足类就是因为盐度较低造成的。现代腕足类动物在沙质海底、岩石海底和黏土泥质海底都有分布。其中，穴居的舌形贝类喜欢沙质海底，固着生活的腕足类则喜欢岩石海底或含有碎砾和碎壳的海底。现代腕足类还经常与藻类、珊瑚、蠕虫、软体动物和棘皮动物等共生在一起。

> 趣味点击　珊瑚
>
> 珊瑚虫是一种海生圆筒状腔肠动物，在白色幼虫阶段便自动固定在先辈珊瑚的石灰质遗骨堆上，珊瑚是珊瑚虫分泌出的外壳，珊瑚的化学成分主要为 $CaCO_3$，以微晶方解石集合体形式存在，成分中还有一定数量的有机质，形态多呈树枝状，上面有纵条纹，每个单体珊瑚横断面有同心圆状和放射状条纹，颜色常呈白色，也有少量蓝色和黑色，珊瑚不仅形象像树枝，颜色鲜艳美丽，可以做装饰品，并且还有很高的药用价值。

化石腕足类在各类沉积岩中都有发现，不过以灰岩、泥灰岩、页岩和粉砂岩中出现的较多，而且保存得也较好。古生代的腕足类化石经常出现在礁石地层中，与珊瑚、层孔虫、苔藓虫以及海绵等生活在正常浅海中的动物共生在一起，因此可以推测当时的腕足动物也是生活在盐度正常的浅海之中。中生代以后的腕足动物开始出现了与深海生物共生的类型，而且从化石资料上还可以看出腕足类从阳光充足的浅海向弱光半深海直到深海散布的过程，而正是这样的过程才使得今天的海洋里不管是浅海、半深海还是深海都有了腕足动物在生活着。

◎今昔棘皮动物

在水族馆里，五颜六色的鱼儿和千姿百态的其他水生动物肯定让你眼花缭乱、目不暇接。但是，你绝对会在一些色彩鲜艳的五角星似的动物前面驻足良久，因为它们太奇特了——其他的动物身体都是两侧对称的，这些动物却那么地与众不同。仔细看一下标牌你就会知道，原来它们的名字叫做海星，属于棘皮动物门，身体的这种独特状态被科学家们称为五辐射对称。

漂亮的海星

棘皮动物全都生活在海里。科学家通过解剖知道，它们身体内部分布着一套极其复杂的“水管系”，水管系的末端通常形成管足，能够行使运动、取食、感觉、呼吸以及营造巢穴等多种功能。棘皮动物身体内部还有由中胚层分泌形成的内骨骼，其骨板以及外面覆盖的皮膜上长有不同形状的棘刺或管瘤，“棘皮动物”这一名称就是因此而产生的。

可食用棘皮动物

实际上，我们看到的五角星似的五辐射对称动物是棘皮动物的成年个体，在它们的幼虫期，棘皮动物也是两侧对称的。根据这一点，再加上一些其他的身体特点以及胚胎发育特点，科学家认为棘皮动物与脊索动物可能是由共同的祖先演化而来的。也就是说，棘皮动物是无脊椎动物中最高等的一门，它们与我们脊椎动物所在的脊索动物门的亲缘关系最近。棘皮动物的幼虫经过两侧对称的担轮幼虫阶段发育为五辐射对称的成虫，这是由于从浮游的生活方式过渡到固着或很少移动的生活方式而产生的。有些种类如海参等到了成虫外形依然保持两侧对称，但是内部构造却具有五辐射对称的特征了。

棘皮动物化石早在寒武纪地层里就有发现，而直到今天，棘皮动物仍然很繁盛。科学家统计发现，现生棘皮动物和化石棘皮动物总共有大约 2 万种，大约占所有动物总数的2%。其中，现生的棘皮动物有大约5千种。在化石棘皮动物中，海百合类与海胆类化石较多，海星类化石较少。科学家把棘皮动物分成4个亚门：海胆亚门、海扁果亚门、海百合亚门和海星亚门。其中，海胆亚门包括7个纲：海旋板纲、海座星纲、海蛇函纲、海蒲团纲、海盘囊纲、海参纲和海胆纲；海扁果亚门包括3个纲：海桩纲、海笔纲和海箭纲；海百合亚门包括8个纲：始海百合纲、海林檎纲、拟海百合纲、垫海蕾纲、拟海蕾纲、海蕾纲、鳞海林檎纲和海百合纲；海星亚门只有1个纲：海星纲。

> **你知道吗**
>
> **棘皮动物**
>
> 棘皮动物门是动物的一个门，包括一些古老的海洋动物？这个门从寒武纪出现，总共有20000多种类。现存的7000物种分为6纲。棘皮动物是后口动物。它们的原肠胚孔形成肛门，而口部是后来形成的。它们有特殊的五体对称桨管结构。生长期间，左边增大而右边缩小，直到叠边被完全吸收了，然后这一边长成五准辐形对称形状。

棘皮动物显然有一个极长的进化历史，因为早在早古生代初期，大量结构复杂的棘皮动物已经出现，这足以证明棘皮动物起源的时间应该在寒武纪之前。到了寒武纪早期开始的时候，海旋板类、海座星类和始海百合类开始出现；随后海蒲团类和鳞海林檎类也出现了；寒武纪晚期到奥陶纪早期的时候出现了海箭类、海百合类、海星类和海蛇函类；到了奥陶纪中期至晚期，棘皮动物的所有其他类别如海蕾类等全部出现了。在那以后直到今天的漫长岁月里，再也没有发现新的棘皮动物纲，反而，棘皮动物的多数纲在古生代结束的时候都灭绝了，只有少数的纲进入了中生代并繁衍到现代。

时间的记录者——琥珀和化石

◎琥珀中的苍蝇与蜘蛛

琥珀是松柏科植物的樹脂所形成的化石，最少有 5000 万年的历史。特别是一种茂盛于 2000 万 ~ 6000 万年前的新生代第三纪的松树（Pinus Succinifera）的树脂，经过压力和热力变质而形成琥珀。

知识小链接

琥珀

琥珀是数千万年前的树脂被埋藏于地下，经过一定的化学变化后形成的一种树脂化石，是一种有机的似矿物。琥珀的形状多种多样，表面常保留着当初树脂流动时产生的纹路，内部经常可见气泡及古老昆虫或植物碎屑。

世界最古老的琥珀，约为 3 亿年前的产物，被发现于英国的 Northumberland 及西伯利亚。琥珀是人类最古老的饰物之一，在爱沙尼亚发现纪元前 3700 年由琥珀制成的坠饰、珠子、纽扣等，在埃及并发现纪元前 2600 年由琥珀制成的宝物。琥珀是中生代白垩纪至新生代第三纪松柏科植物的树脂，经过地质作用后而形成的一种有机化合物的混合物。通俗点说，它的祖先是松树。琥珀的形成一般有 3 个阶段，第一阶段树脂从柏松树上分泌出来；第二阶段树脂脱落被埋在森林土壤当中，在此阶段内发生了石化作用，在这一作用下化石树脂的成分、结构和特征都发生了强烈的变化；第三阶段是石化树脂被冲刷、搬运和沉淀，成岩作用形

包裹了昆虫尸体的琥珀

成了琥珀。

琥珀是由 C、H、O 组成的有机物，也含有 Al、Mg、Fe、Mn 等微量元素。琥珀有各种不同的外形，如肾状、结核状、瘤状、圆盘状。琥珀很软，其硬度为 2 ~ 2.5，也比较轻，相对比重为 1.05 ~ 1.09，树脂光泽，透明至半透明。琥珀的颜色也多种多样，常见金黄、黄至褐色、浅红、橙红、黑色等，蓝、浅绿、淡紫色少见。琥珀加热至 150℃变软，开始分解，在 250℃时就会熔融，产生白色蒸汽，并发出一种松香味。最丰富也最有意义的是琥珀内部的包裹体，有植物包体，如伞形松、种子、果实、树叶；也有动物包体，如甲虫、苍蝇、蚊子、蚂蚁、蚂蜂等。有气液两相包体，如圆形、椭圆形的气泡和液体；有漩涡纹，多分布在昆虫包体的周围，这是昆虫挣扎时留下的痕迹；还有许多的杂质，如泥土、沙砾和碎屑。这些丰富的包裹体不仅构成了美丽的图案，也为科学地研究当时环境提供了最直接的证据。例如我们所熟知的课文《琥珀》中苍蝇与蜘蛛的故事，人们可以知道，在远古时代，世界上已经有苍蝇和蜘蛛了，这为科学家进行科学研究提供了依据。目前，科学家们已成功地从琥珀所含的化石中提取出一些生物的遗传密码 DNA，这对生物演化的研究产生了巨大的影响。

> 趣味点击
>
> **遗传密码**
>
> 遗传密码决定蛋白质中氨基酸顺序的核苷酸顺序，由 3 个连续的核苷酸组成的密码子所构成。由于脱氧核糖核酸（DNA）双链中一般只有一条单链被转录为信使核糖核酸（mRNA），而另一条单链则不被转录，所以即使对于以双链 DNA 作为遗传物质的生物来讲，密码也用核糖核酸（RNA）中的核苷酸顺序而不用 DNA 中的脱氧核苷酸顺序表示。

目前世界上最大的琥珀，重 15.25 千克，取名“缅甸琥珀”，而实际上是约翰·查尔斯·鲍宁于 1860 年在中国广东用 300 英镑购买的，现珍藏于英国伦敦历史博物馆。它也被载入了《吉尼斯世界之最大全》。

◎三叶虫化石

三叶虫化石

三叶虫（trilobite）是节肢动物门中已经灭绝的三叶虫纲中的动物。它们最早出现于寒武纪，在古生代早期达到顶峰，此后逐渐减少至灭绝。最晚的三叶虫于2.5亿年前二叠纪结束时的生物集群灭绝中消失。三叶虫是非常知名的化石动物，其知名度可能仅次于恐龙。在所有的化石动物中三叶虫是种类最丰富的，至今已经确定的有9（或者10）个目，1.5万多个物种。大多数三叶虫是比较简单的、小的海生动物，它们在海底爬行，通过过滤泥沙来吸取营养。它们身体分节，有带沟将身体分为三个垂直的叶。我国浙蒙山区的三叶虫化石分布很广，费县、平邑县等地均有发现。估计生于古生代的中寒武纪，距今约有5亿年。又因这里的三叶虫化石与其他地方不同，不是完整的虫体化石，而是在形成过程中只有虫体的硬体部分形成化石，这一部分化石头鞍弯曲如弓，两弓刺大于身一倍，两弓如翼而融为一体，身小如雨燕而得名，石玩者又称它为“飞上天石”。

许多三叶虫有眼睛，它们还有可能用来作味觉和嗅觉器官的触角。有些三叶虫是瞎的，可能它们居住在非常深的海底，那里没有光，因此用不着眼睛。

三叶虫属海生无脊椎动物，主要营底栖生活，也有部分在泥沙中生活和漂浮生活，世界上已发现10000多种，我国已发现1000多种。因虫体背部为几丁质甲壳组成，易于保存为化石，又因背甲被两背沟纵为轴部，和左右对称两肋叶，故称三叶虫。自前至后可分为头、胸、尾三部分，该虫能终生阶段性脱壳，所以常见于头甲及尾甲分散保存为化石。

燕子石历史悠久，据记载，宋、明、清时代即有人把玩，称之为“多福石”、“鸿福石”。宋人笔记中已有记载，明曹昭《格古要论》也有详细记述。燕子石的特点是：色泽古雅、姿质温润、虫体如燕；纹彩特异、富有天趣，它是人类的万卷书，记录大自然的沧桑变迁，耐人寻味。

◎特大三叶虫化石

在我国镇江就有一块距今4.5亿年的特大“三叶虫”化石，上面竟嵌有50多只三叶虫，观者无不为之惊叹。这块“三叶虫”化石，长81.1厘米，宽41厘米，厚3厘米，重30余千克。化石板上嵌着50余只“三叶虫”，虫的身躯、翅膀清晰可见。据省地质研究所一位地质专家称，“三叶虫”属海里游移和漂浮动物，开始出现于早寒武纪，古生代末全部灭绝，其化石是划分地质时代的主要标准，在地质博物馆里或许能见到，三叶虫作为时间的鉴证者，在生命历程中历经环境变迁，大自然残酷的考验，最终退出历史的舞台。

神秘的海底世界

◎你见过长1.6米的巨大水蝎吗

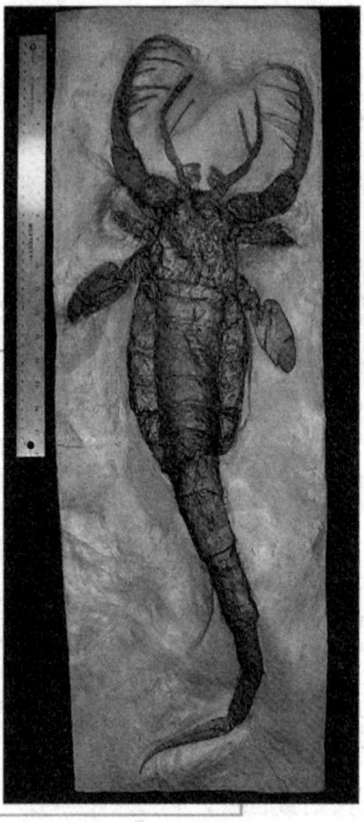

水蝎化石

水蝎半翅目（Hemiptera）蝎蝽科（Nepidae）昆虫，约150种。水蝎与陆蝎有某些类似之处：即用以捕食的镰刀状长足以及长而薄的鞭状尾部。尾部为二支附带的呼吸管，可伸出水面呼吸，咬人疼痛，但伤害远小于真蝎。棕黑色，长约25～52厘米。体形各有不同：如蝎蝽属躯体为略细长的椭圆形，其他属水蝎则为较长的圆筒状。可以前腿上下摆动，二对后腿踢水而游泳。二对后腿也可用于爬行。水蝎可见于世界各处，主要生活在水沟底角及泥沼中，藏在停滞的叶片或其他的植物碎屑中，埋伏以捕食。由于不擅游泳，很少在开阔的水面游动。成虫产卵于碎屑缝隙或水生植物的茎部。

苏格兰科学家曾在苏格兰海岸发现了一种巨大的、生活在3.3亿年前的水蝎化石，这是目前为止第一个能够证明这个物种可以在水之外的地方存活的证据。以往，围绕水蝎的鳃、食物结构和肢体特征，学术界一直存在着这种动物是否能够从水里出来的争论。如今，通过对化石的研究分析：从这只长有6条腿、长5英尺（约1.5米）、宽3英尺（约90厘米）水蝎的“走路”跨度来看，它的速度是极度缓慢的，它拖拽自己身体时留下的证据显示，这只水蝎很可能已经移出了有水的地方。其尾部中间部分存在的沟槽显示，它运动得并不平稳，它不是被水浮着的；从沟槽旁边的条纹可看出其活动是反射性的；……这都说明，这只水蝎生前已能很熟练地在陆地上移动了，它是拖着自己的尾巴走路的。尽管这可能并不具有代表性，但它确实说明这种动物并不善于敏捷地移动到没有水的地方。

◎ 章鱼、乌贼的亲戚——鹦鹉螺

鹦鹉螺是一种有着螺旋状外壳的软体动物，是现代章鱼、乌贼类的亲戚。柔软的身体占据壳的最后一室，其他部分则充满空气以增加浮力。鹦鹉螺的贝壳很美丽，构造也颇具特色。具有数十只触手，无吸盘。这种石灰质的外壳大而厚，左右对称，沿一个平面作背腹旋转，呈螺旋形。贝壳外表光滑，灰白色，后方间杂着许多橙红色的波纹状。在遥远的古生代，鹦鹉螺几乎遍布全球；但到了现在，很遗憾，除了在南太平洋的深海里还存在着6种鹦鹉螺之外，就很少见到它们的身影了。属底栖性生物，白天潜伏海底，夜间活跃，主要靠漏斗喷水的射流反作用前进、后退及转弯。可自由调节身体中气室里的气体分布，来控制身体的沉浮。是头足纲四鳃亚纲仅有的一个现生存属，在生物进化系统的研究方面极有价值。

鹦鹉螺

知识小链接

浮力

浮力指物体在流体（包括液体和气体）中，上下表面所受的压力差。公元前245年，阿基米德发现了浮力原理。浮力的定义式为F向上－F向下。

之所以说鹦鹉螺是乌贼、章鱼的亲戚，是因为考究生物的进化史不难发现他们在生活环境及身体构造等方面惊人的相似。同属头足类且分布广泛，都生活在海洋中，在世界热带、温带及寒带海洋中都有发现，其中以热带海洋的种类最为丰富。分布的水深从海边的潮间带、浅海的珊瑚礁区及泥沙海

基本小知识

虹膜

虹膜属于眼球中层，位于血管膜的最前部，在睫状体前方，有自动调节瞳孔的大小，调节进入眼内光线多少的作用。位于血管膜的最前部，虹膜中央有瞳孔。在马、牛瞳孔的边缘上有虹膜粒。

乌　贼

底、广阔的大洋表面，以及黑暗无光的数千米深海中。有些广布型的头足类，因为幼生能随着洋流飘散到极广大的海域，因此能广泛分布到各大洋。其次，对盐度变化的忍受能力很弱，乌贼、章鱼及鹦鹉螺都具有一定的喷射游泳能力。虽然爬行是大部分章鱼与鹦鹉螺的运动方式，但乌贼有时也会以这种方式运动，主要以腕交替着地，使身体前进，或是以吸盘牵引他物，使身体获得前进的力量。

再次，都以调整浮力的方式帮助身体进行较低的能量消耗。例如鹦鹉螺的外壳中有许多空室，空室之间彼此有体纵管（siphuncle）相通，鹦鹉螺便能在这些空室中进行气液交换，控制浮力。乌贼体内有碳酸钙质内壳，就是中医药材之一的海螵蛸，也可帮助乌贼控制浮力。呼吸功能完全由位由内脏囊两侧的羽状鳃来担任，鹦鹉螺类具有两对鳃，大部分是游离的，约有30多个鳃叶，鳃内具有出鳃血管与入鳃血管，但没有微血管构造。乌贼约为30～40个，除了出、入鳃血管之外，鳃丝内尚有微血管分布。章鱼类的鳃叶虽然只有8～10个，但构造比鱿鱼、锁管及乌贼更为复杂，其鳃轴腔特别发达，将鳃叶分成两列，鳃叶及鳃丝的皱褶显著增加，鳃丝内的微血管形成网状分布，使气体交换的面积大大地增加。在头的两侧生有两只发达的眼睛，除了少数具有眼柄的种类之外，两眼都位于眼窝内。鹦鹉螺类为环状空腔的眼睛，有开孔与外界相通，结构原始。乌贼类的眼睛为球状晶体眼，结构复杂，有晶状体、虹膜、玻璃体等构造。鱼类的眼眶外具有内、外两层假角膜，外层较厚，内层较薄。某些大洋性的头足类，眼球附近生有发光器，其数目、排列和大小，可作为分类的依据。诸多的特征让这些失散的“亲戚”又聚在了一起。

拓展阅读

内脏囊

内脏囊亦称鳃隆起。是指软体动物背面所具有的被外套膜所覆盖的膨大部而言。容纳消化管、生殖腺等内脏器官。这部分的膨大，是与软体动物的消化吸收主要在中肠腺的细胞内进行有关。

漂亮的放射虫

放射虫是海洋中漂浮的单细胞原生动物，因为具有放射排列的线状伪足而得名。

原生动物是最低等的一类动物，个体仅由1个细胞组成，在分类上科学家把它们归为一个门，即原生动物门。但是原生动物的这个唯一的细胞却是一个完整的有机体，具有作为一个动物个体所应有的主要生活机能。细胞的各部分产生了分化，各自掌管一定的功能，形成了“类器官”。原生动物往往长有鞭毛、纤毛或是伪足作为它们的运动器官。有些原生动物的细胞质中具有骨架或是形成坚固的外壳。

原生动物个体都很微小，一般都在250微米以下，也就是说，它们还不到一粒1毫米长的米粒的1/4那么大。这么小的身体只有在显微镜下才能够观察到。可是这些不起眼的小动物的分布却非常广泛，大多生活在海洋或淡水水域里，也有一些生活在潮湿的土壤中，或是营寄生性的生活。

知识小链接

放射虫

放射虫是原生动物门辐足纲中的等辐骨亚纲稀孔亚纲和多囊亚纲原生动物的通称。因伪足和骨骼大都呈辐射状而得名。放射虫种类多，数量大，死亡后沉积海底所形成的软泥占现代海底面积的2~3%（仅次于有孔虫）。

科学家根据这类动物是否长有运动器官或是长有什么类型的运动器官而把它们分成了4个纲：鞭毛虫纲、纤毛虫纲、孢子虫纲和肉足虫纲。放射虫就属于肉足虫纲。它们与其他原生动物的主要区别就是细胞质里有一个几丁质的中心囊，把细胞质分为囊外和囊内两个部分。囊的表面包着角质膜，膜上有小孔，使囊内和囊外的细胞质相互沟通。

放射虫有球形、钟罩形等多种形状，身体直径可以达到100~2500微米。由细胞质分泌的骨架通常包藏在细胞中，其化学成分因不同的种类而不同，多数为硅质或含有机质的硅质，少数含有碳酸锶。放射虫的骨架有 3 种类型：一种为松散结构，骨架由互不连接或接合不坚实的杆、骨针和刺组成；另一种是网球结构，骨架呈球形、纺锤形或锥形，沿着中心囊膜紧密连接成网状；还有一种为同心结构，骨架由多层同心排列的网格构成，各层间常有许多针、钩、小柱相连，构成精巧美丽的壳形。以这些不同的骨架结构类型为基础，并在一定程度上结合中心囊的构造特点，科学家把放射虫分成了3 个亚目，即棘刺虫亚目、多囊虫亚目和褐囊虫亚目。其中多囊虫亚目又分为泡沫虫和罩笼虫两大类。

章　鱼

放射虫营漂浮生活，喜好大洋环境，在地理上分布十分广泛，几乎遍及世界上的所有海域。大多数的放射虫分布在温暖的海域，赤道附近的放射虫尤其丰富多样，一个普通浴缸可以盛满的海水（大约半立方米）中生活的放射虫可以达到 4 万个！在南北极附近的海域，放射虫也和硅藻一起非常繁盛。科学家已经把现代海洋中的放射虫按分布类型划分出了极区带、近极带、亚热带、热带的典型表层组合。由于海面下不同水深处的物理化学条件的变化，放射虫在不同水深处也表现出不同的组合。棘刺虫亚目和泡沫虫类通常仅局限于分布在透光带，而罩笼虫类和褐囊虫亚目则生活在海面下超过 2000 米深的地方。

放射虫死亡后其硅质壳沉入海底后不易溶解，因而大量富集起来，堆积密度惊人到在火柴盒大小（大约 2 立方厘米）的沉积物中含有的个体数竟然超过 12 万个。这些堆积在海底的放射虫壳形成了著名的放射虫软泥，这种软泥覆盖了整个地球海底面积的 3.4%。

放射虫的生命历史非常悠久，但是由于棘刺虫亚目和褐囊虫亚目的骨骼结合得很弱，很容易损坏，很难保存成化石，因而在地层中常见的放射虫化石多属于多囊虫亚目。它们在寒武纪出现，到了泥盆纪后期和石炭纪达到繁盛。法国、英国、俄罗斯的乌拉尔地区、北美洲和澳大利亚都盛产放射虫化石。古生代时以泡沫虫类的代表为多，例如在我国广东省曲江县的仁化地区二叠纪早期地层中发现的放射虫岩中，化石就多属于泡沫虫类。

到了中生代，多囊虫亚目中的两类都有发现。三叠纪的放射虫化石比较稀少，但是在我国珠穆朗玛峰附近的三叠纪晚期地层的硅质岩中却发现了泡沫虫类，也发现了罩笼虫类。到了侏罗纪和白垩纪，放射虫发展到了一个新的水平，壳形趋向与复杂化，出现了不少新的类型，分布在特提斯海及环太平洋地区。

新生代是放射虫发展的顶级时期，尤其是在始新世和中新世，放射虫的所有类群都出现了，并在世界各地广泛分布，形成了许多有代表性的化石群。有些科学家对第三纪地层进行的分带就是根据放射虫化石进行的。

海绵古今谈

人们通常所用的海绵与海里生活的不可同日而语。也许有人惊奇地问道：“海里还有海绵吗？”其实，生活在海里的海绵才是真正的海绵，人造“海绵”只是仿造了海绵的结构而已。倘若把海绵从水中捞取上来，在海滨挖坑埋藏，待等烂掉肉质，剩下纤维状交织的骨骼，再经过漂洗，才是我们日常所见的海绵。生活在海水中的海绵，多数是灰黄色、褐色或黑色的块状物。它的体表有许多凸起，凸起的旁边有许多小孔，凸起的顶端有一个大孔。

趣味点击

海绵

海绵是多孔动物门大约5000种原始多细胞水生动物的统称，是组成海绵多孔动物门的低级有机海生动物。海绵没有嘴，没有消化腔，也没有中枢神经系统，目前被认为是最原始最低等的水生多细胞动物。生活在海水中的海绵，多数是灰黄色、褐色或黑色的块状物。

海水就从小孔流进去，又从大孔流出来，那些微小的生物随着水流进入海绵体内，成为“自投罗网”的食物。所以，海绵虽然被称为“海中的花和果实”，看上去似植物一般，实际上是一种动物。

海绵动物是多细胞动物当中结构最简单、形态最原始的一类，早在寒武纪以前就已经出现并一直繁衍到了现代。海绵动物由单细胞动物演化而来，它们的细胞已经分化了，但是还没有形成组织和器官。海绵动物有单体的，也有群体的，外形多种多样，其中单体海绵有高脚杯形、瓶形、球形和圆柱形等形状。海绵动物的体壁有许多孔，孔内有水道贯穿，体内有一个中央腔，其上端开口形成整个个体的出水孔。

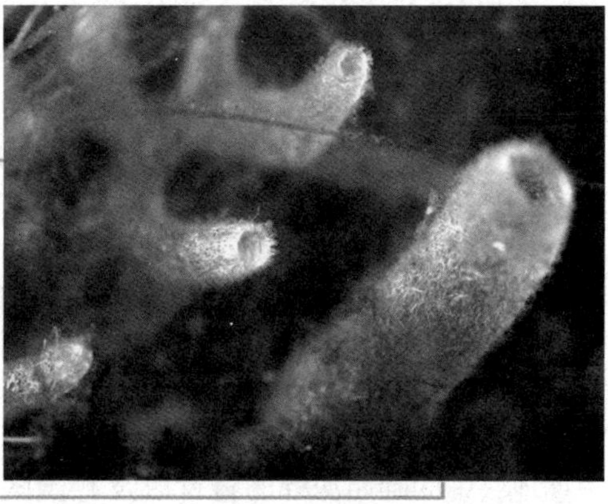

海绵动物

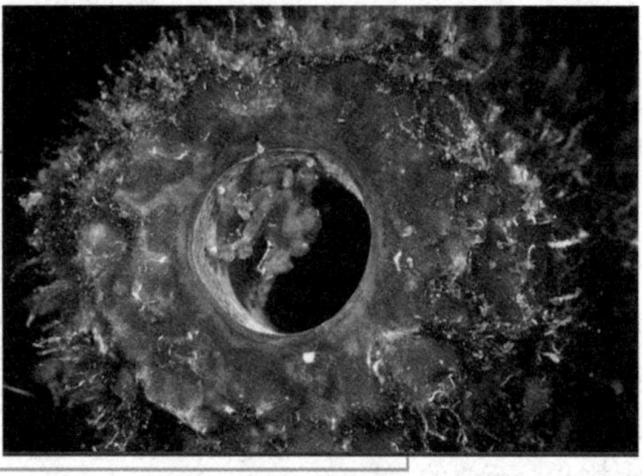

现代海绵动物

多数的海绵动物具有骨骼。骨骼分两类，一类是针状、刺状的钙质或硅质小骨骼，称为骨针；另一类是有机质成分的丝状骨骼，称为骨丝。骨丝不易被保存成化石，而骨针能够形成化石。有些骨针能够互相穿插形成骨架，这样的骨架形成化石后可以保持海绵体原有的外形。

知识小链接

骨针

骨针也叫“骨片”，某些低等动物体内呈针状或其他形状的小骨。如放射虫，海绵，海参都有不同类型的骨针，骨针有支持组织，保护身体的功能。

科学家对海绵动物进行分类的依据主要就是骨骼的性质和成分。一般可以把海绵动物分成 4 个纲：钙质海绵纲、普通海绵纲、六射海绵纲和异射海绵纲。科学家记述的化石海绵动物有 1000 多个属，其中最早的代表有发现于非洲刚果前寒武纪地层中的钙质海绵、俄罗斯卡累利阿和叶尼塞山的元古代中期地层中的硅质海绵的骨针以及我国南方前寒武纪中的零星代表。从寒武纪开始，普通海绵、六射海绵和异射海绵 3 个纲的许多代表就都已经出现了，其中的异射海绵纲在三叠纪中期以后绝灭。钙质海绵则是在泥盆纪时才开始出现。

海绵动物从远古以来生存的领域非常广泛，因此它们的化石能够保存在石灰岩、砂岩、页状白垩层以及深水黏土岩等各种不同的岩石中。由于古生代和中生代的海绵动物经常与珊瑚和腕足类等典型的浅海动物共生，因此科学家一般认为它们在当时主要生活在浅海。新生代的海绵动物的生活领域与现代类似，而总的趋势是它们的适应范围越来越大。

现代的海绵动物除了普通海绵纲中的单轴滚海绵科生活在淡水水域中外，其他的全都

你知道吗

黏土岩

黏土岩是沉积岩中分布最广的一类岩石。其中粘土矿物的含量通常大于 50%，粒度在 0.005 ~ 0.0039mm 范围以下。主要由高岭石族、多水高岭石族、蒙脱石族、水云母族和绿泥石族矿物组成。黏土岩致密均一，不透水，性质软弱，强度低，易产生压缩变形，抗风化能力较低，尤其是含蒙脱石等矿物的黏土岩，遇水后具有膨胀、崩解等特性，不适合作为大型水工建筑物的地基。

生活在海洋中。钙质海绵的分布可以从滨海水域直到 2195 米深的深海，但是主要分布区是在水深小于 100 米的范围内。海生的普通海绵的分布区是滨海至半深海。六射海绵却基本上生活在深度较大的大陆斜坡及其以下的深海底，水深小于 90 米的海域基本上见不到，在 90 ~ 200 米水深范围内也只能发现少数分子；只有在南极水域的浅海水域生活有少数的六射海绵。

现代的海绵动物可以在地球上各个纬度的海洋里出现。普通海绵主要分布在温暖海洋，高纬度地区较少见。六射海绵在热带和亚热带海域里较为集中，在印度尼西亚、菲律宾海域和中国南海尤其丰富，少数分子也分布于南极附近海域。残存的钙质海绵则分布于温热的海域。

在地球上的海洋里，至少有 9000 种海绵。有的海绵甚至生活在淡水中。它们靠身上的小孔，从成吨的海水中过滤到几克微薄的营养物质维持生命。海绵是多细胞（multicellular）生物，虽然有些海绵有玻璃一样的骨骼。但是总体上看，海绵没有组织、肌肉、器官、神经、大脑这些要件。海绵细胞的主要成分是碳酸钙或碳酸硅以及大量的胶原质。在海绵的管壁上，长有摆动的长须（cilia），长须能从海水中滤掉废物，留下营养。不论海绵的体积多大，所需要的食物只要能满足每一个细胞就够了，并不贪婪。当然，海绵中也有“凶猛”者。在夏威夷生长的火海绵能够分泌毒液，给其他动物造成剧痛；生长在地中海的一种海绵，则具备诱骗小甲壳类动物的能力，能够伸出锋利的刺把它们团团围住，饱餐一顿。

> 广角镜
>
> **肿瘤**
>
> 肿瘤是机体在各种致癌因素作用下，局部组织的某一个细胞在基因水平上失去对其生长的正常调控，导致其克隆性异常增生而形成的新生物。学界一般将肿瘤分为良性和恶性两大类。

海绵也是最早的有性繁殖生物，大多数的海绵都是雌雄同体的，能够同时产生卵子和精子并排入水中。精子会一直在海水中遨游，直到找到另一个海绵管道的接收入口。海绵的多情还表现在：它还有另外一种生殖方式——如果一块海绵遭受外力破坏，被拆散了的细胞会在海水中寻找同伴，然后重新聚在一起，仿制出一块与它们父母辈相同的海绵。海绵受伤以后，不会用新细胞代替旧细胞的方式愈合伤口，而是调动旧的细胞到创伤处，阻止伤口进一步蔓延。就这样，海绵很潇洒地生活在水下，并为周围成千上万种生物提供庇护所。

古希腊人、古罗马人和我国古代劳动人民很早就认识和采集海绵动物，特别是浴用海绵，网孔细，弹力强，吸水性好，可以用于洗澡擦身、洗碗等，后来又在工艺、医学和日常生活方面展现了越来越多的广泛用途，如做油漆刷子，用作钢盔的衬垫和其他垫子，烧成灰能治疗脚痛等。在地中海、红海和美洲沿海等地，人工养殖海绵动物业十分发达，人们将海绵切割成块，用绳系在架上，投入海中，2～3年就可收获大批海绵了。不过，随着人造海绵业的发展，已经使得海绵动物养殖业日趋衰落。但是随着科学技术的不断发展，人们又发现了海绵动物新的价值，例如有人正在研究用海绵净化海水，以达到维持海洋环境生态平衡的目的。

科学家还发现海绵体内的毒素可以用来制药，治疗肿瘤、心血管和呼吸系统等疾病。目前，海绵是发现海洋活性物质最丰富的海洋生物，已经成为海洋药物开发的重要资源。

沧海变桑田的高级“魔术师”——珊瑚

在祖国大陆的和海南岛的南面里有一群美丽的岛屿，像一颗颗玉珠一样散布在南海里，它们的名字千百年来就被中国人叫做东沙群岛、西沙群岛、中沙群岛和南沙群岛，它们是祖国不可分割的一部分。但是你知道这些岛屿是怎样形成的吗？有趣的是，它们竟然是许许多多微小、原始的海洋生物在漫长的地质历史年代里日积月累地造成的。地质学家通过考察和研究证明，这些岛屿是由一些特殊成因的礁石构成的，而制造这些礁石的生物就是珊瑚。

珊瑚是一类生活在海洋里的原始无脊椎动物，包括现代的海葵、石珊瑚、红珊瑚以及已经灭绝了的四射珊瑚、横板珊瑚等等。整个珊瑚家族组成了腔肠动物门中的一个纲，称为珊瑚纲，分为横板珊瑚亚纲、四射珊瑚亚纲、六射珊瑚亚纲和八射珊瑚亚纲共 4 个亚纲。其中，横板珊瑚最为古老，绝大多数都生活在寒武纪晚期到三叠纪，只有其中叫做刺毛类的一个小类群延续到了第三纪才绝灭；四射珊瑚生活的时间比较短，只分布在奥陶纪中期到二叠纪；而六射珊瑚和八射珊瑚则从三叠纪出现开始一直生存到了现代。不过，也有一些科学家报道说，八射珊瑚的出现历史可以远远地追溯到泥盆纪甚至前寒武纪末期。

知识小链接

生长线

壳体增长的条纹。生长线与口缘相平行，因此生长线的粗细和弯曲的形状，往往可以反应出壳口的轮廓。

古生物学家发现，古生代和中生代的珊瑚礁也相当发育，而通过对这些古代珊瑚礁分布规律的研究发现，地球的赤道在漫长的地质年代里在不断地发生着变化，其位置随着时代的推移在有规律地向南转移。非造礁珊瑚适应的范围较广，一般多生活在温度为 4.5℃ ~10℃ 的海水中，个别种类甚至在 -1.1℃ 的海水中也能生活。它们在浅海、深海里都有分布，有些甚至可以生活在 6000 米深的海底。造礁珊瑚死亡以后，其骨骼能够形成坚硬的生物岩体。随后生活的新的造礁珊瑚在这样的岩体上继续生活、死亡，又留下新的生物岩体堆叠在旧的生物岩体之上。久而久之，生物岩体最终堆积成了珊瑚礁。现代的珊

拓展阅读

珊瑚礁

珊瑚礁是石珊瑚目的动物形成的一种结构。这个结构可以大到影响其周围环境的物理和生态条件。在深海和浅海中均有珊瑚礁存在。它们是成千上万的由碳酸钙组成的珊瑚虫的骨骼在数百年至数千年的生长过程中形成的。珊瑚礁为许多动植物提供了生活环境，其中包括蠕虫、软体动物、海绵、棘皮动物和甲壳动物。此外珊瑚礁还是大洋带的鱼类的幼鱼生长地。

海中珊瑚

珊瑚礁按照地理位置可以分为岸礁、堡礁和环礁。岸礁是紧靠海岸生长的珊瑚礁；堡礁离海岸则有一定的距离；而环礁通常呈圆形或马蹄形，中央有一个浅浅的泻湖。这 3 种主要的珊瑚礁类型实际上代表了下沉的火山岛周围珊瑚生长的连续阶段。热带岛国马尔代夫，完全由珊瑚礁岛屿组成。

一些科学家认为，珊瑚外壁表面的生长线的生长规律与季节性的温度变化和营养物质供应情况的周期性变化有关，因而把这种生长线与时间概念联系了起来。现代珊瑚的生长线是每昼夜生长一圈，每 28 圈生长线构成一个生长带，也就是相当于一个阴历月（28 天）的周期。通过对各个地质时期的四射珊瑚化石生长线的观察和计算，古生物学家推算出了与天文方法的计算基本相符的时间数字。泥盆纪的四射珊瑚每年有 400 圈左右的生长线，石炭纪则为 385 圈～390 圈，这表明地质时期从古到今一年中的天数在逐渐减少，而一天的时数却在逐渐增加。这样的结果证明了地球自转的速度在有规律地变慢！小小的珊瑚，竟然还能作为记录地质历史过程中的时间的钟呢！

“海中仙女”——海百合

有一种生活在幽深海底的，形态同百合花那样美丽的动物，人们叫它“海百合”。海百合属于海洋棘皮动物，它并不像陆地上的百合花一样是植物，并且不能够离开海水生活。不过它的漂亮外表倒是和百合花相近，因此人们给它起了个植物的名字。古生代和中生代的海百合，大多在浅海底栖。海百合类最早出现于距今约4.8亿年前的奥陶纪早朝，在漫长的地质历史时期中，曾经几度（石炭纪和二叠纪）繁荣。

海百合在死亡以后，这些钙质茎、萼很容易保存下来成为化石，由于海水的扰动，使这些茎和萼总是散乱地保存，失去了百合花似的美丽姿态。但如果它们恰好生活在特别平静的海底，死亡以后，它们的姿态就会完整地保存下来，成为化石，由于这种环境比较苛刻，所以这样的化石十分珍贵，不仅为地质历史时期的古环境研究提供重要的证据，也逐渐成为化石收藏家的珍品，甚至被当作工艺品摆放。在海百合类繁盛时期形成的海相沉积岩中，海百合化石非常丰富，甚至可以成为建造石灰岩的主要成分，但所见到的，多为分散的茎环。海百合化石的主要成分是单晶的方解石，通常是白色的，有时会混入三价铁离子，呈现鲜艳的红色，在青灰色围岩的衬托下十分美丽。含海百合化石十分丰富的灰岩被地质学家称为海百合茎灰岩，一些当地的居民，开采出这些岩石，磨制成各种各样的工艺品，美其名曰“百合玉”，深受人们的

“海中仙女”海百合

趣味点击　海百合

海百合是一种始见于石炭纪的棘皮动物，生活于海里，具多条腕足，身体呈花状，表面有石灰质的壳，由于长得像植物，人们就给它们起了海百合这么个植物的名字。海百合的身体有一个象植物茎一样的柄，柄上端羽状的东西是它们的触手，也叫腕。这些触手就象蕨类的叶子一样迷惑着人们认为它们是植物。海百合是一种古老的无脊椎动物，在几亿年前，海洋里到处是它们的身影。

喜欢。

海百合一辈子扎根海底，不能行走。它们常遭鱼群蹂躏，一些被咬断茎杆，一些被吃掉花儿，落下悲惨的结局。在弱肉强食、竞争险恶的大海中，曾有一批批被咬断茎杆，仅留下花儿的海百合，大难不死存活下来。因为它们终归不是植物，茎杆在它们的生活中，并不是那么生死攸关。这种没柄的海百合，五彩缤纷，悠悠荡荡，四处漂流，被人称做“海中仙女”。生物学家给它另起美名——“羽星”。羽星体含毒素，许多鱼儿不敢碰它。可仍有一些不怕毒素的鱼，对它们毫不留情，狠下毒手。为了生存，它们只好大白天钻进石缝里躲藏起来；入夜才偷偷摸摸成群出洞，翩翩起舞。它们捕食的方法，还是老样子——腕枝迎向水流，平展开来，像一张蜘蛛的捕虫网，守株待兔，专等送食上门。

由于羽星可自由行动，身体又能随环境改变颜色，它们便成了海百合家族中的旺族，现存480多种。它们喜欢以珊瑚礁为家，因为那儿海水温暖，生物种类繁多，求食也容易。而那种有柄的海百合，适应能力差，不能有效保护自己，数量也就日渐稀少，现存仅70来种。没准几百年之后，它们便会给鱼儿吃得一个不剩，永远从大海里消失！

◎贵州展出世界最大海百合化石

一块长4.8米、宽1.9米，总面积达9.36平方米的世界最大海百合化石近日在贵州石文化艺术宫展出，使当地市民大饱眼福。据介绍，这块海百合化石发掘于上三叠世瓦窑组中，属棘皮动物。化石上伴有关岭创孔海百合21朵，许氏创孔海百合15朵，其中最大的单株冠部直径达40厘米以上。据有关专家考证，发掘于贵州境内的这块海百合化石，距今已有2.3亿年的历史，是目前世界最大的一块海百合化石。

◎跨洋回国的海百合

2001年的一天，圣地亚哥海关办公室的电话急促地响起来，海关人员报告说，在进行入关检查时，从一批货物中发现大量走私的化石，有关人员迅速赶赴现场……

经过验证，这批化石来自中国，整整93箱，共计14吨，圣地亚哥海关立即查封了这批珍贵的化石。按照国际惯例，罚没的生物化石应该归还给出产国，中国国家文物局获得消息，立即与美国有关部门联系，要求无条件归还这批珍稀化石。在中国政府的努力下，美国海关总署决定把这些走私的化石交还给中国。这些珍稀化石终于跨越太平洋，回到了自己的故乡。

远古海百合化石

其中数量最多的是海百合化石，共有89块，这些珍贵的海百合化石在地下沉睡了两三亿年，如今依然栩栩如生，恰似国画大师笔下绽放的百合花。在这89块海百合化石中，有两块化石尤为珍贵，连生物专家都感到惊奇。原本附着在海底生长的海百合，却固着在一根漂入大海的树干上，这是为什么呢？专家推测，海百合之所以附着在树干上，是要借助树干在海里漂浮，从而扩大摄取食物的范围。可见，海百合是一种非常聪明的动物。

另一块海百合化石同样非常珍贵，人们通过它可以看到海百合的内部结构，为研究海百合的演变提供了极其珍贵的资料。这批珍贵的化石来自贵州省关岭地区。海百合、贵州龙、兴义龙都是远古时期的海洋动物，它们为什么会出现在云贵高原上呢？

原来，这批珍贵的海洋化石演绎了中国西南边陲一个远古的沧海桑田故事。沧海桑田是中国一个古老美丽的传说，讲的是仙女麻姑和哥哥王方相见，1000年多过去了，东海已经3次干涸变成了良田，可麻姑的容貌依然如故，还像十七八岁的姑娘一样美丽。用沧海桑田来形容关岭地区的变化，真是太贴切不过了。

贵州关岭位于云贵高原，山峦起伏，景色秀美，勤劳的苗族同胞世世代代生息在这里。关岭到处是岩石，当地民众就地取材，把它作为建筑材料。

有时，人们惊奇地发现，石头上会出现一些精美的花纹。这些美丽的花纹是谁刻上去的？无人知晓。后来，人们才知道，这些精美的花纹就是海百合化石。以后，科学家又在这里发现了贵州龙、兴义龙等珍贵的化石，并且把这里的化石称为“关岭古生物群落”。现在就让我们跨越时空，用先进的电视手段再现那段沧海桑田的巨变吧！

距今二三亿年前，贵州关岭地区还是一片封闭的海域，气候温暖，海水湛蓝，清澈见底；到处生长着美丽的海百合。兴义龙和贵州龙也生活在这里，由于没有天敌，生物数量越来越多，海百合和动物的遗骸不断被泥沙所掩埋，沉积在海底，成为珍贵的化石。正是这些珍贵的化石为我们勾画出史前海洋与海洋生物的奇妙景观，和中国云贵高原的原始风貌。如今，贵州关岭的古生物化石产地已经开辟为关岭化石群国家地质公园。

当年这批化石从美国回到中国后，中国国家文物局决定把这批珍贵的化石交给北京自然博物馆收藏。

破解生命的奥秘

裸蕨植物和鱼类时代

POJIE SHENGMING DE AOMI

裸蕨植物因无叶而得此名。这类植物曾在距今3.9~3.7亿年前的早、中泥盆纪盛极一时，广布全球，是当时陆生植物的优势种。直到距今3.6亿年的晚泥盆纪才趋于绝灭。而鱼类是最古老的脊椎动物。它们几乎栖居于地球上所有的水生环境，让我们从远古时代来了解它们吧！

海陆环境的繁荣时期

脊椎动物虽然在距今 5.3 亿年的早寒武世就已出现，但很长一段时间里，这些全身裸露的原始鱼形动物并未得到发展，古海洋中仍然是无脊椎动物的天下。距今 4.4 亿年的奥陶纪末期，由于大规模的冰川活动，地球上发生了一次生物大灭绝事件。躲过这场浩劫的古鱼类在志留纪时开始了分化，泥盆纪时达到了演化的鼎盛时期。因此，志留纪和泥盆纪被称为“鱼类时代”。

至留纪

志留系三分性质比较显著。一般说来，早志留世到处形成海侵，中志留世海侵达到顶峰，晚志留世各地有不同程度的海退和陆地上升，表现了一个巨大的海侵旋回。志留纪晚期，地壳运动强烈，古大西洋闭合，一些板块间发生碰撞，导致一些地槽褶皱升起，古地理面貌巨变，大陆面积显著扩大，生物界也发生了巨大的演变，这一切都标志着地壳历史发展到了转折时期。志留纪的生物面貌与奥陶纪相比，有了进一步的发展和变化。植物方面除了海生藻类仍然繁盛以外，晚志留世末期，陆生植物中的裸蕨植物首次出现，植物终于从水中开始向陆地发展，这是生物演化的又一重大事件。

至留泥盆生物群

志留纪：生命在海洋中生，在海洋中发展壮大。在4亿多年前的志留纪，水域中的生物千姿百态，热闹非凡，植物已发展到大海藻，动物发展到低等的脊椎动物鱼类。而陆地上的生命却十分罕见，几乎到处是光山秃岭，一片荒凉。末期，由于地壳剧烈运动，地球表面普遍出现了海退现象，不少水域变成了陆地，有的海底崛起成了高山。沧海巨变，对水中的生物产生了巨大的影响。

趣味点击　海退

在相对短的地史时期内，因海面下降或陆地上升，造成海水从海洋向大陆逐渐退缩的地质现象。海退的结果，常形成地层的海退序列，由下至上一般为：沉积物由细变粗或由碳酸盐岩变为碎屑岩；沉积时的海水由深变浅；海相沉积逐渐演变成海陆交互相沉积和陆相沉积。海侵和海退常紧密伴生，海退也具有周期性和旋回性，在时间和空间上也可区别为不同级别和规模。海退的成因可与海侵类比。

泥盆纪（Devonian period）是晚古生代的第一个纪，开始于距今4.1亿年，延续了约5500万年。泥盆纪古地理面貌较早古生代有了巨大的改变。表现为陆地面积的扩大，陆相地层的发育，生物界的面貌也发生了巨大的变革。陆生植物、鱼形动物空前发展。早泥盆世裸蕨植物较为繁盛，有少量的石松类植物，多为形态简单、个体不大的草本类型；中泥盆世裸蕨植物仍占优势，但原始的石松植物更发达，出现了原始的楔叶植物和最原始的真蕨植物；晚泥盆世到来时，裸蕨植物濒于灭亡，石松类继续繁盛，节蕨类、原始楔叶植物获得发展，新的真蕨类和种子蕨类开始出现。

◎裸蕨植物“萌芽”

裸蕨植物目前所知最早出现于志留纪晚期，到了泥盆纪时达于繁盛，是当时陆地上最具优势的陆生植物，分布世界各地。

最初出现的裸蕨植物既无叶也无根，在地上茎直立，比较细弱，茎呈两歧式分枝，下端有毛发状的假根，能吸收土壤里的水分和无机养料，还加强了植物体的支撑和固着。茎的中央有极其简单的维管束组织，用作输送水分和养料。它们枝轴的表面生有角质层和气孔，可以调节水分的蒸腾，分枝的顶端产生孢子囊。孢子外面具有坚韧的外壁，以利于孢子的传播，同时也不

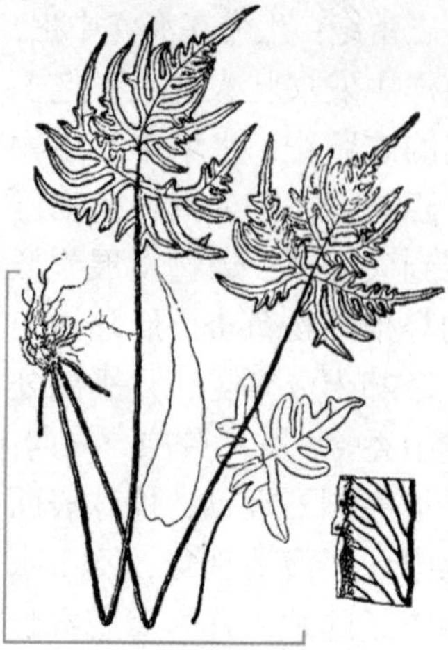

早期裸蕨植物

易受到损伤或因过渡蒸发而干涸。虽然和现代的高等植物相比，这些器官显得十分简单和原始，不过裸蕨植物正是凭借这种组织器官，成功克服了它们在陆地上生存中所面临的一些主要问题，并为继续衍生出越来越高等的陆生植物奠定了基础。

裸蕨型植物的代表为裸蕨。它的主轴比较粗壮，并常呈假单轴式的分枝，侧枝二歧式，分枝次数较多，生殖细枝末端顶生着很多成对的或小束状的孢子囊，它的主轴明显地比侧枝粗，外部形态比瑞尼蕨型复杂。裸蕨的维管束木质部和主轴的直径相比，已经粗大得多了，从木质部的结构多少可以说明它和瑞尼蕨型植物的某些渊源关系。这也就是说，裸蕨型植物发源于瑞尼蕨的原始类型。

知识小链接

角质层

角质层是表皮最外层的部份，主要由 15 至 20 层没有细胞核的死亡细胞组成。当这些细胞脱落时，底下位于基底层的细胞会被推上来，形成新的角质层。以人类的前臂为例，每平方厘米表皮在每小时会有 1300 个角质层细胞脱落，形成微尘。会脱落的角质层外层又称为分离层。

从裸蕨的形态结构和由几层厚壁细胞组成的外皮层，都说明足够支撑一个相当大的植物体了。裸蕨的孢子囊可纵向开裂以传播孢子，这是比较进步的。它是裸蕨型植物中最高级的类型。值得我们特别注意的是，在裸蕨型植物中，有一种叫三枝蕨（Trimerophyton robustus）的裸蕨

你知道吗

孢子囊

孢子囊是植物或真菌制造并容纳孢子的组织。孢子囊会出现在被子植物门、裸子植物门、蕨类植物门、蕨类相关、苔藓植物、藻类和真菌等生物上头。

型植物，它生存于早泥盆纪末，在它的主轴上长着螺旋状排列的侧枝，侧枝从主轴长出后，很快就发生一次相等的三叉式分枝，这种三叉式的每小枝向前长出不远，就又发生一次不等的三叉式分枝和两次二歧式分枝，然后在每个末级细枝顶端，生长成对的或3个彼此紧靠成束的孢子囊。从三枝蕨的分枝形式和顶生成束的孢子囊以及所在的地质时代，无不说明它和其他裸蕨型植物具有密切的关系。但是植物体已很粗壮，加上枝轴形态结构的特别复杂，则为一般裸蕨型植物所不及，因而它很像是裸蕨植物与更高级的维管植物之间的过渡植物或中间类型。由此发展为真蕨类（Filicinae）和前裸子植物后者再进一步演化为各类裸子植物。

苔　藓

可以这样说，所有的陆生高等植物，除了苔藓植物（Bryophyta）以外，都是直接或间接起源于裸蕨植物，没有任何一种陆生维管植物能够绕过裸蕨植物而直接发源于水生藻类的。因此，裸蕨植物在植物界的系统发育中，上承生活在水中的藻类，下启陆生的蕨类和前裸子植物，是植物界系统演化中的主干。

◎无脊椎动物的“多样性”

志留纪的无脊椎动物，大致继承着奥陶纪类群的面貌，虽说稍有差异，但看不出显明激烈的演变。

知识小链接

笔石

笔石是笔石动物的化石，由于其保存状态是压扁成了碳质薄膜，很像铅笔在岩石层上书写的痕迹，因此才被科学家叫做“笔石”。

笔石仍然是志留纪的重要生物之一。在奥陶纪盛极一时的双列型笔石，大都高度特化，如细网笔石。单列型的笔石则特别繁众。广泛分布，形态多变，如孔笔石、花瓣笔石、螺旋笔石、单笔石等。

志留纪是珊瑚类大发展的时期，出现了许多新的科、属。床板珊瑚以蜂巢珊瑚、链珊瑚等为主：单体四射珊瑚，除单带型以外，还产生了变双型的，如拟包珊瑚、泡沫链珊瑚；复体四射珊瑚有十字珊瑚、古珊瑚等。

海蕾开始出现，海林檎较为众多。海百合却相反，繁盛多彩，分枝演变，它们的钙质骨瓣形成奇特排列组合，如大竹海百合、螺旋海百合、花瓣海百合等。志留纪海百合的茎柄大都是细长的，环节贯连，冠部或如花苞，或似果蕾，清澈的水底遍布着这类（水百合花），确实增加了美丽壮观的色彩。

三叶虫类在志留纪渐趋减少，若干科、属减绝消失，但数量上仍然是多的。有的头、胸、尾还是显明的三分形式，光滑无饰；有的则头部遍布瘤粒，胸、尾、肋的节数较多，形态相当美丽，如王冠虫；有的为了增加抗敌器官，全壳遍布棘刺，如角头虫；壳头卷曲呈球状的隐头虫，继续繁盛。

介形类的演变不太显明，仍以个体巨大，壳面光滑，仅具隆脊或凹槽的属群为多。

层孔虫类虽初见于奥陶纪，但志留纪较繁盛。一般多呈团块状，偶亦形成礁头，主要的有纲格层孔虫、蜂巢层孔虫等。

志留纪的早、中期，苔藓虫继续洐演育，种类增多，常见的是具多数细弱分枝的群体类型。

腕足动物在志留纪依然占有重要地位，已出现于奥陶纪的类群继续发展，同时还产生了若干新的科、属。概括地讲，正形贝类趋于衰退，残存的是铰合线短、贝体圆形的德姆贝类；扭月贝类除小苏维伯贝、薄皮贝外，还出现了铰缘具列齿的类型，如腹壳凸的齿扭贝和背壳凸的小形贝；小嘴贝类仍是多种多样，主要有盖嘴贝、超嘴贝；五房贝、肋房贝、斯特兰贝等。另外，无洞贝和始石燕等是较为重要的代表。

瓣鳃类在数量上虽有所增多，但属群基本上与奥陶纪的相近似，没有特殊差别。如轴唇厚、窄脐的异唇螺，缝合线深，螺环中部具裂带的荣房螺。头足类的鹦鹉螺群，在志留纪发展到高峰，一般壳体较小。外形多变，如六裂角石、斜轮角石等。

最早的飞行家——昆虫

昆虫在地球上生活了至少4亿年。现存的大多数的昆虫目级类群在2.5亿年之前已经出现。昆虫是第一类演化出飞行能力的生命体，大约在3亿年前的石炭纪出现了有飞行能力的昆虫，7000万年以后才出现有飞翔能力的脊椎动物（飞龙类），以及随后在鸟类和蝙蝠中独立起源的飞行能力。已描述的昆虫种数为92.5万，而总的昆虫种数据推测在500万左右。许多的昆虫种类随后逐渐丧失了飞行能力，像虱子、跳蚤丧失了全部翅的残余。

原始的昆虫，如衣鱼，没有经历变态的阶段。之后，昆虫从水里登上陆地，为了适应新生活，它们的身体构造不断改变，从半变态到完全变态。此后，昆虫越来越表现出它们的强大生命力。

趣味点击

蝙蝠

蝙蝠是翼手目动物的总称，翼手目是哺乳动物中仅次于啮齿目动物的第二大类群，现生物种类共有19科185属962种，除极地和大洋中的一些岛屿外，分布遍于全世界。蝙蝠主要依靠回声来辨别物体，有一些种类的面部进化出特殊的增加声纳接收的结构，如鼻叶、脸上多褶皱和复杂的大耳朵。蝙蝠在中国传统文化中象征“福气”。

节肢动物是最早登陆的动物物种，很可能早在奥陶纪就已经开始尝试在陆地上生存。可能是这些早期陆生节肢动物在陆地上演化并产生昆虫。昆虫的假想祖先应该是具有同律体节的蠕虫状动物，每个体节都有1对附肢。在进化成昆虫的过程中，身体前部的几个体节集中并愈合形成头部，这些体节上的附肢则演变成了触角和口器；紧接在头部后面的3个体节仍然保持各自独立，每一个体节发育了1对强有力的运动器官——足，后来还发育了两对翅膀，形成了昆虫胸部的运动中心；胸部后面的体节变化很小，但附肢一般都退化掉了，仅有腹末体节的附肢演变成了尾须和产卵器官。

目前最早的昆虫来自早泥盆系布拉格阶莱尼燧石中。莱尼虫所体现出来

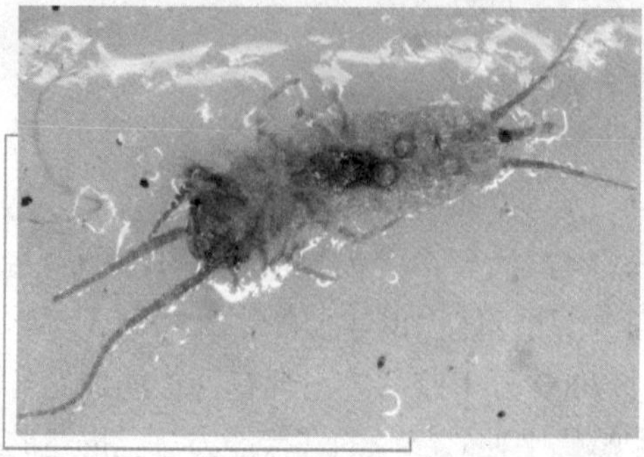

衣　鱼

的有翅昆虫所具有的高级特征使人相信，它们绝对不是最早的昆虫，同时也表明，翅的起源时间应该更早，甚至会在距今约4亿多年的志留纪。

志留纪和泥盆纪，在最早的昆虫出现后相当长的时期，没有更大的动物同它们竞争，昆虫慢慢地演化并扩展开来，几千万年后才会有慢腾腾的两栖动物来到陆地上，而且这些缓慢的两栖动物还不能远离水边，扩散的范围非常小，所以对于昆虫来说，除了昆虫自己和其他一些节肢动物，并没有强有力的天敌。在这个时期，植物的高度在发展，孢子植物的孢子由小演化到大，伴随植物，具颚昆虫的口器也在发展，用于咀嚼植物和孢子。

最古老的昆虫化石是一种无翅的弹尾目昆虫，发现在距今3.5亿年前的泥盆纪中期地层中。这种昆虫的躯体已经明显地分成了头、胸、腹3个部分。作为运动中心的胸部的出现，显然已经代表了昆虫这种新型节肢动物的诞生。另外一个叫做缨尾虫的原始无翅昆虫发现在石炭纪地层中，但是在发现之初却被当作甲壳动物记载下来，直到20世纪80年代后的1958年才被承认是一种原始的昆虫。当时，前苏联的科学家沙诺夫在莫斯科的二叠纪地层里找到了一个类似的物种，这些化石与现代的缨尾虫非常相似。后来，科学家又在墨西哥的石炭纪早期地层和欧洲的二叠纪地层中发现了更多的昆虫物种，它们有的很小，有的则可以大到30毫米以上。

拓展阅读

两栖动物

两栖动物是第一种呼吸空气的陆生脊椎动物，由化石可以推断，它们出现在三亿六千万年前的泥盆纪後期。直接由鱼类演化而来，这些动物的出现代表了从水生到陆生的过渡期。两栖动物生命的初期有鳃，当成长为成虫时逐渐演变为肺。两栖动物同时生活在陆上和水中。

这些原始的昆虫是由什么动物进化而来呢？科学家推测，昆虫的假想祖

印度缨尾虫

先应该是具有同律体节的蠕虫状动物，每个体节都有 1 对附肢。这样的祖先在进化成昆虫的过程中，身体前部的几个体节集中并愈合形成了头部，这些体节上的附肢则演变成了触角和口器；紧接在头部后面的 3 个体节仍然保持各自独立，但是每一个体节发育了一对强有力的运动器官——足，后来还发育了两对翅膀，形成了昆虫胸部的运动中心；胸部后面的体节变化很小，但是附肢却一般都退化掉了，仅有腹末体节的附肢演变成了尾须和产卵器官。

从昆虫的假想祖先进一步向前追溯，科学家认为可以将其起源一直追踪到一支古老的陆生节肢动物身上。节肢动物早在大约 10 亿年前的前寒武纪就已经生存在地球上了。最初，它们生活在沿着海岸线分布的浅海中，后来，它们向着两个相反的方向进化：一支进入开阔的大洋和海洋深处，演变成现代海洋中非常繁盛的虾、蟹等甲壳动物；另一支则离开海洋去开拓尚未被占领的全新的陆地生态环境，演化成今天随处可见的蜈蚣、蚰蜒等多足类和蜘蛛、蝎子、蜱螨等蜘蛛类以及昆虫类，最终成功地征服了干燥的陆地。其中，最为成功的昆虫从出现开始，就显示出了极为强大的生命力，在地球上迅速地发展了起来。

你知道吗

节肢动物

节肢动物，也称“节足动物”。动物界中种类最多的一门。身体左右对称，由多数结构与功能各不相同的体节构成，一般可分头、胸、腹三部，但有些种类头、胸两部愈合为头胸部，有些种类胸部与腹部未分化。体表被有坚厚的几丁质外骨胳。附肢分节，除自由生活的外，也有寄生的种类。

昆虫的翅膀是怎样进化来的？化石证据表明，最早的有翅昆虫是在石炭纪晚期出现的。那是距今大约 3 亿年前，大地上到处都生长着高大茂密的森林，不过树种与现代的大树完全不同，主要是热带的蕨类植物，如木贼、石松和各种木本蕨类。现代的蕨类都是一些矮小的植物，可是在当时遥远的古生代里，蕨类植物却可以长成参天大树，有些甚至可以高达40米。有翅昆虫就在这样的环境里出现了。它们成群地在森林里飞来飞去，种类也很快地越来越繁杂。实际上，这些高大的树木正是昆虫获得翅膀的环境条件，因为昆虫只有先上树，适应了树上生活以后，才有产生翅膀的需要和可能。

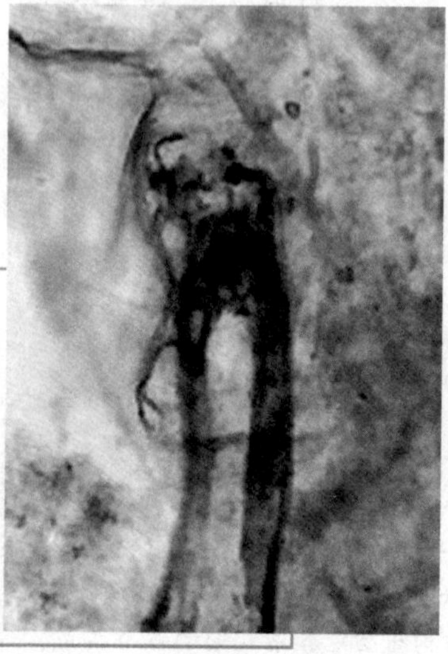
早期昆虫化石

虽然发现有翅昆虫化石的最早时代是石炭纪晚期，但是根据种种事实推测，有翅昆虫的起源是发生在泥盆纪末期或石炭纪初期。泥盆纪地层中已经有煤层存在，说明当时已经出现了森林。生活在这些森林里的昆虫，首先借助于胸背侧突在树木间滑翔；而后，在滑翔的基础上，自然选择的结果使胸背侧突一代代地逐渐扩展，昆虫的滑翔距离就可以越来越远，最后，胸背侧突终于发展成了能够自由飞翔的翅膀。

翅的产生是昆虫进化史上最为重要的事件。翅的产生使昆虫的胸部构造、肌肉系统以及整个有机体都发生了很大的变化，促使了神经系统的发展，也意味着昆虫行为的复杂化。由于获得了翅膀，使昆虫能够适应多种多样的环境，从而打开了更加广阔的生活空间。借助于飞行，昆虫能够在更加广阔的范围内散布、迁徙、求偶、觅食以及躲避敌害。当时，脊椎动物中的两栖类已经登陆，有翅膀的昆虫能够更有效地逃脱两栖类以及蝎子和蜘蛛的捕食。这一切都为昆虫纲日后的繁荣发展奠定了良好的基础。

在地球生命的进化历史上，昆虫是最先获得飞行能力的动物，比爬行动物和鸟类获得飞行能力早了至少5千万年。

“逮住第一条鱼”

鱼的起源很早，在世界上还没有人类的时候，鱼类就生活在海洋里了。虽然在数亿年的演化过程中有一些古老的种类已经灭绝，但另有其他新兴的种类继之产生。据文献记载，鱼最初发现于距今 4 亿年的奥陶纪地层，但所得到的那时鱼类的化石是不完整的，一直到了志留纪晚期，才完整地获取了关于化石及早期脊椎动物关系的概念。泥盆纪时，各种古今鱼均已出现。泥盆纪时代既可谓是鱼的初生年代，也是鱼的极盛时代，当时，由于其他的脊椎动物还不多，所以有人把泥盆纪称为“鱼的时代”。到了新生代，各群鱼类十分繁多，成为脊椎动物中最大的类群，为鱼类的发展史中的全盛时代。

从泥盆纪所取得的化石分析，古代鱼类可分为 4 大类：无颌类、盾皮类、软骨鱼类、及硬骨鱼类。无颌类动物在志留纪及泥盆纪中最多，被公认为是最早的脊椎动物，化石的无颌类的身体几乎被厚硬骨板及硬的东西包被，故称为甲胄鱼类。盾皮鱼类是最早的有颌类，它们在泥盆纪时盛极一时，但到了末期则大部分绝灭。有人认为软骨鱼类及硬骨鱼类是由盾皮类沿两个方向演变而来，但至今仍无证据证实。软骨鱼类被认为是最“原始”的鱼类，但一般认为软骨鱼类与硬骨鱼类是两支平行发展的分支。最早的硬骨鱼类是古鳕类，再由此演变现存的绝大多数的硬骨鱼类。硬骨鱼类中的内鼻孔鱼类的典型原始类型代表是双鳍鱼与和骨鳞鱼，后者是最早的泥盆纪的总鳍鱼类。而总鳍鱼类又被认为是最早的两栖类的直接祖先。

知识小链接

矛尾鱼

矛尾鱼是腔棘鱼目矛尾鱼科的唯一种，是唯一现生的总鳍鱼类。原以为总鳍鱼已经全面灭绝，但于 1938 年渔民捕鱼时竟发现了活体，后又多次在同一海域成功捕获，故被称为“活化石”。

1938 年 12 月 22 日，有人在非洲东南沿岸捕到一条大鱼，其身长 1.5 米，重 58 千克，后经专家研究与确认，认为这条鱼应属总鳍目的一个新的科，至此，人们终于把已绝迹的鱼找了回来，后来此鱼被命名为拉蒂迈鱼（即矛尾鱼）。矛尾鱼这种活化石的出现给了我们很大的启示。大家都知道，人类是经过漫长的历程进化而来的；鱼类上陆进化为两栖类，然后完全脱离水域进化为陆地的爬行类和哺乳类，最后才进化为人类。具体地说，总鳍鱼类分为两支，其中一支（骨鳞鱼类）脱离了水域。逐步进化为人；另一支比较保守(空棘鱼类)，始终没有离开水。现在的矛尾鱼类就是后者的后代。矛尾鱼这种活化石为我们提供许多无法从化石材料中获取的情况。

◎ 世界上最小的鱼

你能想到世界上最小的鱼有多小吗？悉尼的澳大利亚博物馆曾经对外公布过一张斯托特微型鱼的照片，发现它的澳大利亚科学家认为这是世界上最小的鱼类和脊椎动物。这种鱼虽然是世界上身材最小体重最轻的，但名字很有趣，叫“胖婴鱼”。这种鱼雄性平均体长仅 7 毫米，雌性平均体长大约为 8.4 毫米，估计再小的鱼钓钩对它们来说都无法下咽。“胖婴鱼”外形细长，看起来像条小虫子，它们无鳍，无齿，无鳞。身体除眼睛外无色素沉着，全身透明。雌鱼在 2～4 周大的时候产卵，“胖婴鱼”一般寿命在 2 个月左右。

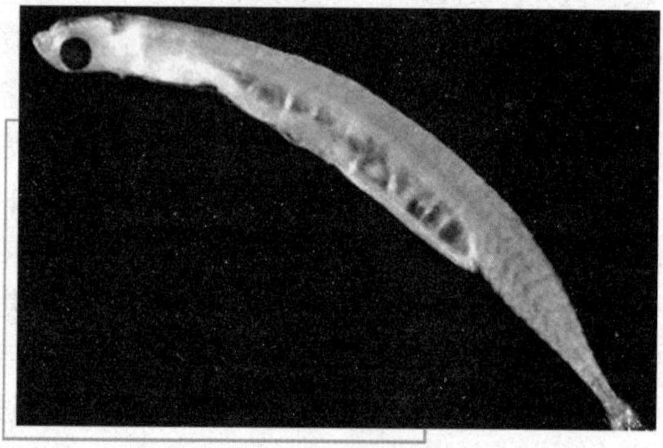

斯托特微型鱼

摘取世界最小鱼桂冠的“胖婴鱼”只有在澳大利亚东海岸的一座岛屿附近才能找到。科学家 1979 年首次发现这种纤小的鱼，但是直到目前才为其最终划清归属。现在，有关科学家已经将这种鱼登记为新物种，并作为最小的脊椎动物申报了吉尼斯纪录。

◎ 和蚊子一样大的鱼

印尼曾经公布过两张未标明拍摄日期的照片，显示的是迄今为止发现的世界上最小的脊椎动物——和蚊子一样大的鱼，被命名为“繁殖类幼介虫”的微型鱼。其成年雌鱼的身长只有 7.9 毫米，相当于一只蚊子大小。它看起来像动物的幼虫，通体透明，颅骨严重退化，大脑暴露在外面。瑞士鱼类学家莫里斯·科特拉和一位亚洲同行，在印度尼西亚苏门答腊岛的热带雨林中发现这种生物。它们生活在深达几米、泥泞不堪的泥炭沼中，水体呈黑红色，酸度极高。

◎用肺呼吸的鱼

自地球出现鱼类以后，这些新出来的鱼就不断地得到发展，一直到淡水里到处都有它们的子子孙孙。不久，它们的子孙有一部分成群结队地迁移到海洋里去了。那时候，鱼的种类真多，彼此又长得很不一样。所以在以后的这个 5000 万年，可以叫做鱼的世纪。

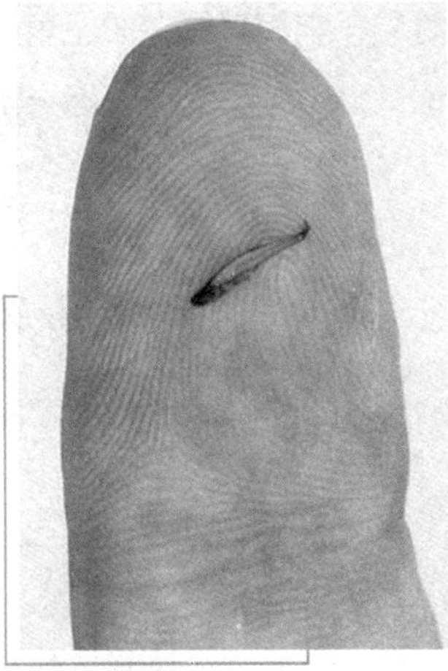

和蚊子一样大的鱼
（该图完整展示了此类鱼与手指腹的比例）

肺　鱼

在鱼的世纪里有两类重要的鱼。一类是鲨鱼和它的近亲，它们的骨骼都是软的，这是软骨鱼。另外一类就是硬骨鱼，它们的骨骼都是硬的。生活在淡水中的硬骨鱼，大半长出了肺。前面讲过的总鳍鱼，就是长着肺的硬骨鱼。鱼也长肺？初听起来好像很滑稽。肺是从空气中取得氧气的器官，但是鱼是生活在水里的呀。它们是通过它们的鳃，来取得溶解在水里的氧气的，还要长个肺，不是多此一举吗？并非多此一举。在非洲和大洋洲，现在还有活着的长肺的鱼。它们就叫做肺鱼，生活在小河和池塘里。河水和池水干涸的

广角镜

软骨鱼

软骨鱼纲或鲨纲所有鱼类的通称，包括鲨、鳐、魟和银鲛。就在盾皮鱼於泥盆纪（3. 6 亿？4. 08 亿年前）逐渐灭绝前，硬骨鱼和软骨鱼兴起了。虽然软骨鱼成功结为一类，其种数还是比真骨鱼或现代硬骨鱼少得多。软骨鱼和硬骨鱼在许多方面不同，最明显的是，软骨鱼的骨架是由软骨组成，脊椎虽部分骨化，却缺乏真正的骨骼。其他特点包括：5？7 对鳃裂；皮上覆有齿样结构的盾状鳞；口中排列数目众多的牙齿。大部分的软骨鱼在海水生活，但也有一些淡水鲨。

时候，它们就躺在淤泥里，靠它们的肺来呼吸。

肺鱼形体图

幸而古代的某些硬骨鱼长了肺，不然的话，世界上就不会有我们了。

你看见过一条鱼被人抓来抛在岸上，躺在那儿喘息不止吗？在鱼的世纪中，发生干旱的时候，成千上万没有长肺的鱼都这样死去了。在那个年代，气候并不像今天这样风调雨顺，大雨滂沱和可怕的干旱经常交替发生，只有长肺的鱼才有条件生存下来。有些浅水因为腐烂的动物和植物太多，也失去了氧气，长着肺的鱼可以游到水面上来，呼吸空气中的氧气。

基本小知识

鳔

鳔，主要指某些鱼类体内可以涨缩地气囊，鱼借以沉浮。有地鱼类的鳔有辅助听觉或呼吸等作用，俗称“鱼泡”。鳔胶，有称花胶，还有药用价值。

后来气候又变了，干旱不再经常发生，溶解在水里的氧气又足够供给鱼类通过它们的鳃来呼吸了。于是有些鱼的肺变成了一个装空气的囊，叫做鳔。鳔里装多少空气是可以调节的，有利于鱼在水里浮上沉下。长了鳔的鱼还长了很好的鳍，鳍里有扇子骨一样的一排骨头作支撑。现代的硬骨鱼，绝大部分都是这个样子。

早期鱼类的进化

在脊椎动物 5 大类中，鱼类是最低等的，在地球上出现的时间也最早。我们对现生鱼类都较熟悉，但对地质史上的早期鱼类、以及它们如何进化为现在鱼类，就比较生疏了。现在让我们顺着时间的长河，向前追溯。现知最早的鱼类化石，发现于距今约5亿年前的寒武纪晚期地层中，但只是一些零散的鳞片，未能给我们一个有关鱼类身态的轮廓。到距今4亿年~3.5亿年前的志留纪晚期和泥盆纪时，才有大量鱼化石被发现。这些鱼化石，有的在构造特征上彼此已很不一样，说明当时已有多类鱼类存在。很可能，在有化石记录之前，它们业已分道扬镳，在各自进化途径上走过了一段相当长的路程。

知识小链接

外骨骼

外骨骼是一种能够提供对生物柔软内部器官进行构型，建筑和保护虾是典型的外骨骼生物的的坚硬的外部结构。经过不懈研究，科学家已研制出很多性能卓越的外骨骼，帮助有需要的人更有效地打理他们的日常生活和工作。

最早出现的鱼类是无颌鱼类。顾名思义，它们还没有上、下颌，只有一个漏斗式的口位于身体前端。这种口，不能主动摄食，只有靠水流把微小生物带进口内。再者是它们没有腹鳍，但有膜质的外骨骼，包裹在身体外边。所以无颌鱼类又有甲胄鱼类之称。由于这外骨骼的存在，曾引起有关学者的一番争论：到底是软骨在先还是硬骨在先？

无颌鱼类包括迥然不同两大类：头甲类和鳍甲类，每类又各有分支，有不同类型的形形色色代表，也曾繁盛一时。但好景不长，到泥盆纪中期（距今约3.5亿年前），它们绝大多数绝灭了。只因现生的七鳃鳗和盲鳗的某些特征与头甲类的一致，学者揣测，前者有可能是后者的现生代表。按此，头甲类应还没最后绝灭。可是，从头甲类到七鳃鳗和盲鳗之间，从泥盆纪到现代3亿多年里，都没发现它们的中间环节。究竟这些营寄生生活的现代无颌鱼类是如何从身披甲胄的祖先进化来的，还是一桩悬案。鳍甲类无现生代表，被认为是一绝灭的类别。但是，由于鳍甲类中的异甲类的某些特征与后期有颌鱼类的近似，有人说，异甲类可能是有颌鱼类的远祖。对此，尚需更多的论证。

板鳃类也称软骨鱼类，包括鲨类和全头类。鲨类常被认为是比较原始的鱼类，因为它们具软骨骨骼。软骨在先，硬骨在后。但也有人认为鲨类的软骨是次生性的，是由硬骨“退化”来的，硬骨在先，软骨在后。

最早的软骨鱼类出现于泥盆纪早期（距今3.8亿年前），裂口鲨常被视为最原始代表之一，并很可能是所有鲨类的祖先。两个背鳍，第一背鳍前有一粗壮的背刺。胸鳍特别大，腹鳍小。尾鳍外形上、下叶对称，内部构造上脊柱却一直伸到尾鳍上叶的末端，故仍为歪形尾。偶鳍基部宽，末端尖，为原始类型的鳍。牙齿“笔架”形，中央的齿尖高，两侧的低。从裂口鲨这种近似软骨鱼类中心基干出发，进化出后期的各种鲨类，包括典型的鲨类和身体扁平的鳐类。这些鲨类从中生代到现在一直生活在海洋中，既没有特别昌盛过，但也没有被淘汰。

◎ 戴盔披甲的鱼类

在4.3亿年前的志留纪，最早分化的是甲胄鱼类。这是一些全身披上“甲胄”的古鱼类。当然，这里所说的“甲胄”，并非古代将士戴在头上的头盔和披在身上的金属护身衣，而是一种含钙质成分的骨质甲片。甲胄鱼类属于脊椎动物的最原始类型——无颌类，它们还没有演化出上下颌，没有骨质的中轴骨骼或脊柱，通常靠滤食海洋中的小型生物或微生物为生，有时候可以吮食大型动物的尸体，主动捕食能力非常差。

甲胄鱼类主要包括3个大的演化支系：骨甲鱼类、异甲鱼类和盔甲鱼类。前两个支系分布在欧洲、北美和西伯利亚等地，而盔甲鱼类为中国和越南所特有。盔甲鱼类身长一般不超过30厘米，一块完整的盾状甲包裹着头的背面，并折向腹面形成腹环。眼睛长在头甲的背面或侧面；鼻孔有细长形的、横椭圆形的和心形的，大小不等，但无一例外在头甲的背面。口与数目不等的鳃孔则长在头的腹面。有的头甲还“装备”很长的吻突，可以用来进攻、恐吓其他动物，或者用来挖掘水底的淤泥。盔甲鱼类有一个尾鳍，但没有成对的胸鳍或腹鳍。它们是一种底栖的脊椎动物，生活在滨海或与海相连的河口之中，迁徙能力很差，可以为恢复古地理环境提供重要证据。

远古海洋中的甲胄鱼类

从无颚类衍生出来的是有颌脊椎动物，包括 4 个大的类群，即盾皮鱼类、棘鱼类、软骨鱼类和硬骨鱼类。颌的出现是生命史中的一次革命性的事件。由鳃弓演变过来的上下颌提高了鱼类的取食和咀嚼功能，因而增强了它们的生存竞争能力。以恐鱼为代表的盾皮鱼类也是一种戴盔披甲的鱼类，泥盆纪时曾盛极一时。3. 6 亿年前的古海洋中，身长 10 米的恐鱼是一个巨无霸。它的头和躯干的前部都披有厚重的“甲胄”，甲胄长度可达 3 米。上下颌强壮的骨板，形成了剪刀式的锐利刀刃。凡是被恐鱼捕捉到的其他鱼类，都很难逃脱被吃掉的厄运。盾皮鱼类笨重的甲胄虽然可起到自我保护作用，但付出了灵活性降低的代价。在生命史中，盾皮鱼类虽成为了泥盆纪古海洋的主宰，但终究是昙花一现，在 3. 5 亿年前泥盆纪结束的时候，与它们的祖先甲胄鱼类一道全部退出了演化的舞台。

趣味点击

盾皮鱼

盾皮鱼可能是最原始的颌口类。它们初见于上志留纪，至泥盆纪则称霸水域，故泥盆纪之所以被称为鱼类的时代，就是由于此类动物之盛产。当时介皮类式微，而软骨鱼类仅见端倪。泥盆纪结束，盾皮鱼类大部分灭亡。古生代结束后，便不再有此类动物存在。

棘鱼类是另一类古老的鱼类，长得像黄花鱼，个体也不大，体长不超过 30 厘米。它的鳍非常特殊，与任何鱼类的鳍都不一样，所有鳍叶的前方都有一根相当强壮的鳍刺，其上还有像雕刻出来的纵向花纹。沿身体的腹侧，在胸鳍和腹鳍之间，还有几对附加的小鳍，同样由鳍刺支持。“棘鱼”的名字也由此而来。棘鱼类始终没有真正发展起来，在 4 亿年前曾达到其演化的顶峰，之后逐渐衰落，到 2. 7 亿年前的古生代末期全部灭绝。

“活化石”拉蒂迈鱼

1938 年 12 月 22 日，在南非小镇东伦敦海港的一条渔船上，一位在当地博物馆工作的年轻女孩拉蒂迈仔细地挑拣着海洋生物标本，突然她眼睛一亮，一个 20 世纪生物学上最富有传奇色彩的海洋探险故事拉开了序幕。让拉蒂迈小姐兴奋的是一条全身闪耀着逼人蓝光的怪鱼，与所有现存的鱼类不同，这条鱼身上覆盖着坚硬的鳞片，其肉质肢体状的鱼鳍，很容易让人联想到陆生脊椎动物的四肢。

拉蒂迈把鱼运回了博物馆，请人鉴定，可谁都不认识，博物馆客座鱼类学家史密斯博士又恰巧外出度假。圣诞节前夕的南非天气炎热、潮湿，鱼身美丽的蓝色开始褪成褐色，如何保存这条大约 1.5 米长的怪鱼成为一个棘手的问题。镇上只有太平间和食物冷冻库具有足以容纳这条大鱼的冷藏设备。在请求帮助都遭到婉言拒绝后，拉蒂迈找来了少许福尔马林，用它将报纸浸湿后包裹鱼身，以延缓鱼体的变质。12 天之后，拉蒂迈的信终于到了史密斯的手中。透过拉蒂迈所画的粗略素描，史密斯一眼就认出，这是一类生活在远古时代的鱼——空棘鱼，它们在大约 6500 万年前就同恐龙一起灭绝了，人们对它们的了解也仅限于留在岩石上的片断记录。史密斯简直不敢相信自己的判断，立即拍电报给拉蒂迈，让她精心保管标本。遗憾的是，史密斯担心的最坏情况已经发生了。蓝色的怪鱼已成为一具剥制标本，只保留下来皮肤和内部骨骼，而内部器官与组织都作为垃圾倾入到印度洋中去了。后来，这条鱼被命名为拉蒂迈鱼。

拓展阅读

空棘鱼

空棘鱼起源于三亿六千万年前，活跃于三叠纪的淡水及海水中。令人讶异的是这种始祖鱼仍存在于印度洋的深海中，体长约一公尺半，体重约五十公斤。

空棘鱼“起死回生”的故事，很快在全世界掀起波澜，英国《自然》杂志在报道这一发现时，开篇用了古罗马博物学家普林尼的一句话：“非洲总是

空棘鱼

可以发现新东西。”第一条拉蒂迈鱼是在南非查郎那河河口外捕获的，当地水深约 70 米。为了寻找第二条拉蒂迈鱼，史密斯夫妇花费了整整 14 年时间，走访了非洲东海岸所有的小渔村，并四处悬赏。1952 年，又是一个圣诞节前夕，拉蒂迈鱼在科摩罗群岛终于再次现身。为了尽快获得这条鱼，史密斯甚至惊动了当时的南非总理，动用军用直升飞机，最后还差点引起南非与法国间的纠纷，因为科摩罗当时是法国殖民地。以后在科摩罗海域有近 200 条拉蒂迈鱼被捕获。科摩罗政府赠送给中国 4 条，分别收藏在中国科学院古脊椎动物与古人类研究所古动物馆、中国科学院水生生物研究所标本馆、上海自然博物馆和北京自然博物馆。1997 年，在距科摩罗有半个地球远的印度尼西亚，拉蒂迈鱼再一次被蜜月旅行中的美国青年尔德曼偶然发现，拉蒂迈鱼的地理分布也成为新的需要解答的谜团。

有关追踪拉蒂迈鱼的故事很多，每一位见过拉蒂迈鱼的人，都会被它深深吸引。是拉蒂迈鱼把我们带回到逝去的年代，告诉我们 4 亿年前我们的祖先是什么模样，它们在水中是怎样生活的。

4.1 亿～3.8 亿年前，地球上最高等的动物是在水中漫游的肉鳍鱼类，包括人类在内的四足动物就是从这类鱼中演化而来

广角镜

四足动物

四足动物所有的两栖类、爬行类、鸟类、哺乳类都有四肢，所以它们被统称为四足动物。四足动物是动物界最高等的类群，它们都有脊椎骨，也都有盆骨连接在脊椎上，用来支撑体重，同样都有胸廓，用来保护心脏和肺。四足动物通过鼻孔呼吸空气，其四肢的顶端都由一根骨头组成，下面则都有一对骨头伸向手或脚，并均具手指或脚趾。四足动物的出现，脊椎动物的登陆称得上生命进化史上的一次重大事件。

的。肉鳍鱼类与形态各异、种属繁多的辐鳍鱼类，同属于硬骨鱼纲中两个独立的亚纲。肉鳍鱼类虽然直接关系到四足动物的起源，然而现生种类却非常有限。在拉蒂迈鱼被发现之前，我们只知道 3 种生活在南半球的肺鱼，其他资料都来自化石记录。空棘鱼是肉鳍鱼类中非常保守的一个支系，在演化的历史长河中，它们的体形几乎没有太大的改变。这也是史密斯根据一张草图就能辨认出拉蒂迈鱼是空棘鱼，并称它为“活化石”的原因。

肺鱼和窄棘鱼都属于从鱼类到陆生脊椎动物演化主干上偏离出去的支系。处于主干上的是肉鳍鱼类中已经灭绝的支系——扇骨鱼类，包括孔鳞鱼类和骨鳞鱼类。其支撑胸鳍和腹鳍的内骨骼，已开始朝着早期四足动物四肢的方向发展。斑鳞鱼与无孔鱼是迄今所知最原始的肉鳍鱼类，它们的发现，进一步证明了中国南方是肉鳍鱼类的起源中心。新发现的这两种古老鱼类兼具肉鳍鱼类和辐鳍鱼类的特征，保留了相当多的硬骨鱼类祖先的特征。它们都处在从鱼类到两栖类最终到人类的演化主干线上。

鱼石螈的故事

在北美洲的东北部，北冰洋和大西洋之间，有一块千里冰冻、银装素裹的土地，这片土地被赋予了一个充满春意的名字——格陵兰岛，按照丹麦语的意思就是“绿色的土地”。格陵兰全岛面积 217 万平方千米，是世界上最大的岛屿。由于地处高纬度地区，大部分土地在北极圈内，格陵兰将近 4/5 的面积为冰盖所覆盖，假如这些冰全部融化的话，地球的所有海面就会升高 6.5 米。

格陵兰地理上属于北美洲，

> **你知道吗**
>
> **北极圈**
>
> 北极圈是指北寒带与北温带的界线，其纬度数值为北纬 6633′，与黄赤交角互余，其以内大部分是北冰洋。北极圈的范围包括了格陵兰岛、北欧和俄罗斯北部，以及加拿大北部。北极圈内岛屿很多，最大的是格陵兰岛。由于严寒，北冰洋区域内的生物种类相对较少。植物以地衣、苔藓为主，树木稀少，动物著名的有北极熊、海豹、鲸等。

但长期以来由丹麦、挪威共同管辖。1841 年丹麦、挪威分治后，两个北欧国家曾为该岛的归属问题发生争执。1929 年鱼石螈在格陵兰东海岸被发现，为这场争执火上浇油，最后只好提交海牙国际法庭。1933 年格陵兰被判归丹麦，1979 年以后成为在丹麦王国名义下一个有着特殊地位的国家。

鱼石螈是如何发现的，它的发现为什么如此轰动，有什么科学意义呢？

话要从头说起。与格陵兰岛隔海相望的有北极圈里另一个岛屿——斯瓦尔巴德群岛。1897 年 3 位瑞典人借助热气球从斯瓦尔巴德群岛出发，开始了北极探险，结果人员不幸失踪。此后两个夏季，由瑞典地质学家诺瑟负责又展开了两次搜索行动。第一年，他们在斯瓦尔巴德群岛沿海搜索，没有结果。第二年，他们来到了格陵兰岛的东海岸，在北纬 73 度附近，登上了人迹罕至的滨岸山地，尔后幸运地发现了一些鱼鳞片和鱼甲片化石。英国著名古生物学家伍德华德对这些化石进行了鉴定，认为是晚泥盆世地层中的肉鳍鱼鳞片和胴甲鱼甲片。1926 ~ 1927 年，丹麦地质学家科赫博士对格陵兰岛东岸地区，特别是诺瑟发现的泥盆纪地层做了两次考察，但一无所获。1929 年，瑞典地质学家库霖博士加盟科赫组织的格陵兰岛科考活动，成功地在 Celius Bjerg 的北坡采集到一大批脊椎动物化石，这批化石中就包括第一件鱼石螈化石。鱼石螈的发现在国际学术界和公众中引起了极大兴趣，丹麦的媒体将它昵称为“四足鱼”。

知识小链接

鱼石螈

最早的两栖动物的化石出现在泥盆纪晚期的地层里。在北美和格陵兰曾经发现过一类叫鱼石螈的动物，它身长约 1 米，兼有鱼类和两栖类的特性。鱼石螈在很多地方与总鳍鱼相似。如头骨高而窄；鳃盖骨消失了，但前鳃盖骨的残余仍存在；身体表面披有小的鳞片；身体侧扁，还有一条鱼形的尾鳍；具有迷齿式牙齿。

鱼石螈是一种仍保留了某些鱼类特征的早期两栖类。它看起来有点像今天的蝾螈，长着一个扁平的头，拖着一个长长的尾巴。如果光看尾巴，它更像鱼，有尾鳍，有鱼鳞。但鱼石螈已经能够在陆地上爬行，并能用肺直接从空气中摄取氧气。

远古四足鱼

根据化石所提供的信息，鱼石螈体长约60～70厘米。它的身体骨骼各部位的比例与象海豹十分相似，但比后者小得多。在各种教材和科普读物中，鱼石螈总是被复原为四肢粗壮、四足行走的动物。它的发现为鱼类向两栖类演化学说提供了最重要的化石实证，科学家们也对它充满厚望，希望它成为真正的“四足”动物。但生物的进化远比想象中的复杂，最新的研究成果表明，鱼石螈的后肢并不强壮，它们的主要作用也不是支撑身体和行走，而是像一对划水的桨，用于辅助游泳。根据对鱼石螈骨骼特征的研究，推测在水中它的长尾巴是主要的划水工具，而后肢起着桨和舵的作用；到了岸上，强壮的前肢是真正的运动工具，它们拖着整个身体，包括后肢和尾巴，一点一点向前爬行。也许这个形象与我们想象中的相差甚远，但它的确代表着一个重要的进化环节。

鱼石螈生活的时代距今已有3.6亿年，很长一段时间被认为是最早登陆的脊椎动物，也是泥盆纪四足动物的惟一代表。1952年，与鱼石螈共生的棘螈被描述，格陵兰仍然是泥盆世纪四足动物的惟一产地。古生物学家开始在世界其他地区寻找鱼石螈类化石。1977年，

趣味点击

北京猿人

北京猿人，正式名称为“中国猿人北京种”，现在在科学上常称之为“北京直立人”，中国的直立人化石。北京猿人生活在距今大约77万年。遗址发现地位于北京市西南房山区周口店龙骨山。北京猿人大约在60万年前来到周口店，在这里断断续续地生活了近40万年。到约20万年前，北京猿人才离此而去。北京猿人的颧骨较高。脑量平均仅1532毫升。身材粗短，男性高约156厘米，女性约144厘米。腿短臂长，头部前倾。

澳大利亚发现了一件被认为是泥盆纪四足动物的下颌标本。此后，比鱼石螈更早的四足动物化石陆续又在俄罗斯、苏格兰、拉脱维亚和美国被发现。这些化石的发现，将四足动物的历史前推了1000多万年，并大大扩展了泥盆纪四足动物的地理分布。

最早的四足动物是从肉鳍鱼亚纲中的骨鳞鱼类演化而来（骨鳞鱼类与四足动物合称四足型动物），因此，探索四足动物的起源过程，一方面是沿着演化谱系向下寻找更原始的四足动物，另一方面是研究仍在水中生活的肉鳍鱼类，尤其是骨鳞鱼类化石。骨鳞鱼类最著名的代表是加拿大发现的真掌鳍鱼。这是一种身体细长、肉食性的鱼类，有两个背鳍和一个上下对称的尾鳍，其头颅、上下颌的骨片式样，与早期两栖类已比较接近，偶鳍（胸鳍和腹鳍）的内部骨骼结构已具备四足动物肢体的雏形。我国虽然还没有发现如真掌鳍鱼那样进步的骨鳞鱼种类，但发现了最原始的骨鳞鱼类（四足型动物）——肯氏鱼。肯氏鱼保留了比较多的早期肉鳍鱼类的原始特征，与斑鳞鱼、杨氏鱼等发现于同一地区（云南曲靖），但生活的时代要稍晚一些，为距今约3.9亿年的早泥盆世晚期。

1929年，是一个值得纪念的“发现”的年份。这一年，在格陵兰发现了鱼石螈，在北京发现了第一个完整的北京猿人头盖骨。在过去的70多年中，早期的四足动物与它们的先驱——骨鳞鱼类化石被不断发现，对它们的研究已大大减少了鱼类与两栖类之间缺失的演化环节，鱼类如何登上陆地的基本格局已初步建立。另一方面，早期四足动物的化石资料仍很不完整，不少难解之谜有待古生物学家们通过新的化石发现来破解。

最为丰富多彩的鱼类——辐鳍鱼类

在各种有关生物演化的书籍中，介绍辐鳍鱼类的知识不多。实际上，辐鳍鱼类是脊椎动物中演化最为成功的类群之一，而且与人类的日常生活密切相关。

在动物分类上，辐鳍鱼类属于硬骨鱼纲。硬骨鱼纲包括肉鳍鱼和辐鳍鱼两大类，两者的演化历程截然不同。肉鳍鱼类对整个脊椎动物的演化而言，是一个举足轻重的类群，后来出现的四足类脊椎动物，就只从肉鳍鱼类中演化出来的。而辐鳍鱼类则是鱼类自身演化道路上的主干，是地球水域的真正征服者。辐鳍鱼类是当今最为繁盛的脊椎动物。由于每年都有不少新的属种发现，而且还有难以估量的未知种类，如生活在热带淡水水域和深海海域的鱼类，因此谁也无法准确统计出世界上到底有多少种辐鳍鱼类。据纳尔逊1994年的资料，现代的已知鱼类约有24618种，占脊椎动物物种总数48170的一半以上；其中辐鳍鱼类约有23681种，占鱼类种数的96%以上。如果再加上地质历史时期的化石种类，辐鳍鱼类的数目肯定是大得惊人。据道金斯1995年的粗略估计，地球上曾经生活过的物种应在30亿种以上，而现今的物种可能不及这一总数的1%。

基本小知识

卤水

盐类含量大于5%的液态矿产。聚集于地表的称表卤水或湖卤水。聚集于地面以下者称地下卤水。与石油茶卡盐湖的湖卤水聚集一起的称石油卤水。

喉盘鱼

辐鳍鱼类除了属种众多的特点，在形态，栖息地及生活习性等方面，都表现出了极大的多样性。辐鳍鱼类的生活习性也是千奇百怪，鱼类的体形可以从线形到球形，色彩从平淡无奇到艳丽无比，运动姿势从优美动人到丑陋怪异。鱼类的栖息地几乎包了所有能够想象得到的水域环境，从海拔5000米以上的青藏高原湖泊到7000米以下的大洋深处，从淡水到含盐量达10%的卤水，从冰天雪地的南极到水温达44°C的温泉。辐鳍鱼类的生活习性也是千奇百怪，居所从定居、洄游到远洋漫游，对后代的抚养从“含在嘴里怕化了”到“危在旦夕”而不顾，与其他生物的关系从平等互利、互不干涉到弱肉强食，不一而论。

我们所知道的世界上最早的辐鳍鱼类化石，发现于晚志留世的地层中，距今已有4.2亿年左右。晚志留世和泥盆纪的辐鳍鱼类还很稀少，目前已知的属种屈指可数。进入早石炭世以后，辐鳍鱼类开始了第一次大发展，迅速辐射发展出许多形态各异的新类群。早期的原始辐鳍鱼类体内骨骼主要是软骨，体表一般披有菱形的厚重鳞片，因此以前把它们泛称为软骨硬鳞鱼类。在古生代与中生代之交，辐鳍鱼类经历了一次重要的新老更替。大约有近 20 科的古老鱼类在交替之际灭绝，同时约有大致等同数目的新类群产生。早中生代三叠纪的鱼类大多不同程度地具有一些比古老软骨硬鳞鱼类进步的特征，如上颌从固定逐步转为可以活动，尾鳍从歪型尾到半歪型尾等。但是，三叠纪鱼类大部分仍是过渡性质的鱼类，不少类群仅限于三叠纪，有的可延续到早侏罗世。

你知道吗

雀鳝

雀鳝是鳝科雀鳝属的大型鱼类的统称，产於北美或中美。与弓鳍鱼近缘，同隶於全骨总目。主要栖於淡水，但有的种可降入半咸水甚至咸水。常像圆木一般，浮於流动缓慢的水面晒太阳并呼吸大气中的空气。有锐利牙齿，是大型凶猛鱼类，肉食性，背鳍靠后，尾鳍圆形，最长的据报道可达 6 米。雀鳝肉可以食用，但卵有毒。

中生代时期占主导地位的辐鳍鱼类是所谓的全骨鱼类。全骨鱼类虽然体表仍然披有菱形硬鳞，但体内已有不少软骨骨化，头部骨骼，尤其是上下颌和颊部骨骼发生了巨大的结构变化，尾鳍一般是半歪型尾，有的甚至已经是正型尾。全骨鱼类从晚二叠世开始出现，晚三叠世到早白垩世较为繁盛，除了雀鳝和弓鳍鱼延续至今，其余约 120 属均已灭绝。

趣味点击

真骨鱼

真骨鱼属于新生代物种，生存于距今约六千七百万年前，延续至今。新生代时地球的面貌逐渐接近现代，植被带分化明显，真骨鱼和哺乳动物、鸟类、昆虫一起上统治了地球。真骨鱼，是中生代后期硬鳞鱼后裔，取代了古生代硬骨鱼类硬鳞鱼类。中生代化石少。

辐鳍鱼类中真正取得巨大成功的鱼类是真骨鱼类。与所谓的软骨硬鳞鱼类和全骨鱼类不同，真骨鱼类是严格按照鱼类的系统发育关系确立的自然类群。现今的真骨鱼类主要是依据尾骨骼和前上颌骨等几个特征定义的，因而除了传统含义的真骨鱼外，还包括了一部分原来归入全骨鱼类的类群，如又鳞鱼类、针吻鱼类、厚柄鱼类。但绝大多数真骨鱼类明显有别于其他辐鳍鱼类的特征，还是体内软骨大多已骨化，体表鳞片为柔软薄扁富有弹性的骨鳞，尾鳍为正型尾。

真骨鱼类从晚三叠世开始出现，侏罗纪和白垩纪早期主要是原来归入全骨鱼类的一些类群较为繁盛，白垩纪晚期出现了不少传统真骨鱼类的早期类群，但新生代才是真骨鱼类爆发式辐射发展的阶段。据帕特森1993年发表的统计资料，真骨鱼类包括494科，其中灭绝的有69科，现生的425科。

现代辐鳍鱼类

在现生的真骨鱼类中，以鲱形目、鲤形日、鲑形目、鳕形目、鲈形目和鲽形目鱼类最具经济价值。其中鲈形目的种类最多，除鲤形目分布于淡水，鲑形目多为溯河性鱼类外，其他各目主要分布于海洋。当今渔业产量以鲱形目和鳕形目最高，两者合计占世界渔业总产量的一半。我国近海的海生真骨鱼类有2000多种，淡水鱼类700多种。

远古遗存的珍惜鱼类

◎ 新疆大头鱼

又称“大头鱼”、“虎鱼”、“扁吻鱼”等，属于鲤形目、鲤科、裂腹鱼亚科、扁吻鱼属。它是中国的特产鱼类，也是世界裂腹鱼中的珍贵物种，有着极高的经济价值和学术价值。新疆大头鱼体长而侧扁、腹圆头大、吻部扁平、口宽大而斜裂，下颌略长于上颌，口角处有短须一对，口内有3行细柱状且尖端有钩的下咽齿。腹背部鳞片细小，体侧鳞则较大，肛门及臀鳍基两侧各有一行特大臀鳍，臀鳞发达。新疆大头鱼个体较大，体长多达90厘米，重14

知识小链接

下咽齿

某些硬骨鱼类，如鲤、青鱼等鲤科鱼类的第5对鳃弓退化，其上不生鳃丝，而常形成1~3列齿，称为下咽齿，又称咽喉齿或简称咽齿。如鲤鱼的第1列3个下咽齿较大，第2、3列各有1个小齿。下咽齿的排列行数和齿数与食性相关，如鲤鱼的下咽齿呈平顶的臼齿形，与咽背壁粗糙的角质咽磨（粗磨垫）相磨研，可以压碎通过咽部的食物。下咽齿的形状也因种而异，有的呈臼齿状，有的侧扁呈梳状，或侧扁而末端呈钩状。

千克以上。它属底栖型鱼类，常活动于河道缓流和湖泊静水水体中，习性凶猛，以鱼为食。它的产卵期较短，主要集中在每年的4月下旬~5月中旬。新疆大头鱼广泛分布于中国西北部新疆维吾尔自治区塔里木河水系的开都河、阿克苏河、车尔臣河和叶尔羌河之中。因其体型巨大、肉味鲜美，经济价值高，而成为新中国成立初期新疆渔业的主要对象，最高时年产量曾达240吨。由于长期的过度捕捞，到20世纪80年代，新疆大头鱼已几近消失，濒临灭绝的边缘。有关部门在总结经验教训的基础上，积极开展对新疆大头鱼的科学研究和人工繁殖工作。同时，加大了对《野生动物保护法》的宣传力度，增强了人们对这一珍贵野生动物资源的自觉保护意识。

趣味点击

中华鲟

中华鲟是一种大型的溯河洄游性鱼类，是我国特有的古老珍稀鱼类。世界现存鱼类中最原始的种类之一。远在公元前1千多年的周代，就把中华鲟称为王鲔鱼。中华鲟属硬骨鱼类鲟形目。鲟类最早出现于距今2亿3千万年前的早三叠世，一直延续至今，生活于我国长江流域，别处未见，真可谓“活化石”。

◎ 中华鲟

属于鲟形目鲟科，拉丁学名 Acipenser Sinensis。大型淡水鱼类，体长 200～500 厘米，体重 200～500 千克，最大个体重达 550 千克。头尖，口在颌下，头部中央有多块骨板，上有突刺，吻端腹部正中有一纵行骨板；体被五行骨板，骨板有棘状突起；臀鳍前、后及胸鳍基部上、下各有一块骨板。鲟鱼是比较低等的鱼类，属软骨鱼和硬骨鱼的过渡类型，也有人认为是软骨硬鳞鱼类。溯河洄游性鱼类，平时生活在中国东部沿海，性成熟后洄游入江河繁殖。幼鲟以各类水生动物为食，成鱼以水生昆、幼虫、硅藻及腐殖质为食。繁殖力较差，一般 10 年以上才能达到性成熟。主要分布在长江干流以及钱塘江、闽江、珠江等沿海海域，数量稀少，是中国特有的珍贵鱼种。中华鲟曾是和恐龙并存的古生物种，它在分类学、生物学等领域都具有重要的学术价值。葛洲坝水电工程兴建后，成鱼洄游到长江上游金沙江等优良产卵场的通路被截断。为此有关方面投入了一定人力、财力加以保护，现人工催产孵化放流已成功。

中华鲟

古老而珍贵的鱼类——鲟鱼

几千年来，“龙”一直是中华民族的象征，帝王们往往自命是“真龙天子”，普通百姓也以“龙的传人”为自豪。然而，“龙”的原身到底是什么？这一千古之谜迄今仍有待解析。近来，有人考证后推断，“龙”的原身应该是鲟鱼。

鲟鱼，在我国古代文献中又称鳢（lǐ）、鲔（wěi）、鱏（xún 或 yín）等，是古老而珍贵的活化石鱼类，因而有“水中熊猫”之称，鲟鱼是“鲟形鱼类”不大严谨的通称。“最早的鲟形鱼类软骨硬鳞鱼，发现于英国和德国的早侏罗世地层中，距今已有 1.8 亿多年。软骨硬鳞鱼是大中型的海洋鱼类，已知种类中最大的个体可达 6 ~ 7 米长。软骨硬鳞鱼的体形呈纺锤形，体内软骨极少骨化，体表裸露无鳞，尾鳍外形近呈正型尾，尾鳍上叶有菱形硬鳞。也许在早侏罗世或更早的地质历史时期，软骨硬鳞鱼的某个近亲种类进入了亚洲的淡水水域。在海生的软骨硬鳞鱼灭绝以后，这一淡水鱼类的后裔中，一支在中亚和东亚北部地区繁衍生息了几千万年，到早白垩世晚期灭绝；另一支则逐步演变为现在的鲟形鱼类。已灭绝的一支即是北票鲟科鱼类，另一支包括了鲟科和匙吻鲟科鱼类。

北票鲟科鱼类是完全淡水生活的鱼类，自中侏罗纪开始出现，繁盛于早白垩世。这一时期的亚洲大陆是一个相对孤立的地区，西边有一狭长的海峡与欧洲分割，东边是宽阔的海域与北美洲相隔。在亚洲大陆内部，又耸立着东西走向的古秦岭和大别山，将这一与世界其他地区相对隔离的陆地分为南北两部分。因此，北票鲟科鱼类目前只发现于中亚和东亚北部地区。燕鲟是近年来新发现的奇特鲟形鱼类。鲟科和匙吻鲟科鱼类的演化历史，至少可以追溯到北票鲟科鱼类繁盛的早白垩纪。北美的鲟形鱼类化石，很可能就是在距今约 9400 万年前的晚白垩世，通过当时亚洲与阿拉斯加之间的陆桥，跨过白令海峡扩散到北美的鱼类的后裔。

白　鲟

鲟科和匙吻鲟科鱼类都是大中型的鱼类，如我国早白垩世的原白鲟全长已可达 1 米以上。现生的种类更是水中的庞然大物。鲟科和匙吻鲟科的化石大多发现于河湖沉积的地层中，但现生的两种匙吻鲟科鱼类和大多数鲟科鱼类有洄游习性，一般是成鱼溯河而上，在上游产卵；幼鱼顺流而下，在下游和入海口育肥。

鲟鱼的身体大，寿命长，性成熟晚，生殖周期长，产卵环境的要求高，仔鱼成活率低，因而种群一旦遭到破坏便很难恢复。如中华鲟的平均寿命 50

年以上，雄鲟需要9~10年，雌鲟需要17年以上才能进入繁殖期。为了挽救这种恐龙时代的濒危活化石，世界各国纷纷开展了鲟鱼的研究，并采取了严格的保护措施和人工繁殖鲟鱼苗进行人工养殖和流放增殖。鲟鱼完全有希望与人类一起共享美好的未来。

知识小链接

人工繁殖

人工繁殖在人工控制条件下促使亲体的性产物达到成熟、排放和产出，并使受精卵在适宜的条件下发育成为苗种的过程。

现今白鲟已成为我国的珍惜鱼类。白鲟，别名象鱼，属于鲟形目匙鲟科，拉丁学名 Psephurus gladius。大型淡水鱼类，最大可有数百千克。体梭形，前部扁平，后部稍侧扁。头大，吻长如剑状，体表裸露无鳞。眼细小，吻腹具皮须一对。口下位，口裂大。背鳍起点在与其相对应的腹鳍起点之后，均由不分支的鳍条组成。尾鳍歪形，上叶长与下叶。头与体背部和尾鳍青灰色，腹部白色。有溯河洄游的习性，繁殖期为3、4月间，性凶猛，以鱼虾为食，摄食量极大，可达体重的5%，分布于长江、钱塘江、东海沿海浅水区。

两栖动物的水陆进化

POJIE SHENGMING DE AOMI

两栖动物是脊椎动物从水生向陆生过渡的一个类群。科学家们把它们划分为一个纲——两栖纲。两栖动物已经初步适应了陆地生活，比如：它们可以在陆地上用肺和皮肤呼吸，它们多数都有了善于爬行的四肢，这们可以在陆地上找东西吃……但是它们还有两件事离不开水，那就是：受精和幼体发育，它们还有什么你不知道的呢，一起来了解一下吧！

海洋向陆地的大规模进军

在距今4亿年前，发生过一次剧烈的地壳运动，称之为“加里东运动”。加里东造山运动造成了当时地球上水陆分布的巨大变化，大片陆地露出海面，在陆地边缘出现了大片水陆交错的低洼浅滩地区，湖河的面积也在不断的缩小，这样的造山运动断断续续地持续了6000千万~7000千万年，陆地的面积更加扩大，出现了各种复杂的气候变化。有的河流、湖泊遭到长期的干涸，或是由于天气炎热，造成水中植物的腐烂，使水体严重缺氧，陆地环境变得越来越复杂，原来生活在水环境中的各类生物面临着一次严峻的考验。由在水域中生活到生活在陆地上，这在脊椎动物发展史上是一次革命性的飞跃。

繁盛的绿藻

陆地环境对于当时的生物来说，是一个既陌生而又富有挑战的世界。这里到处隐藏着威胁生存的危机，生物体在这些恶劣的环境条件下变得十分脆弱。但是，这些困难并没有阻挡住生物界的进化历程，在一次又一次的海陆变迁中，它们顽强地尝试进军陆地，虽然它们中的不少种类成为牺牲者，可是也换来了成功。在志留纪末，当时绿藻中的某些种类率先在陆地上站稳了脚跟，新的一轮演化也开始了。经过历代的演化发展，一些生物终于适应了从水中到陆地生存所面临的环境挑战，逐渐解决了由水生转变为陆生的关键性问题。水生生物向陆生生物过渡的过程中，它们的形态结构和生理机能上的这种种变化，是一个逐步形成发展的过程，通过由量变到质变的飞跃之后，它们初步具备了在陆上生活的能力。

有关鱼类是怎样登上陆地、进化为两栖动物的，目前还没有定论。鱼类为什么会离开水中的环境，向陆地发展？这一事件发生在什么时候，以及发生在地球的何处？到底是哪一种或哪些种古代的鱼类登陆成功，进化为两栖类的祖先？

在距今3亿~4亿年前的古生代中期，地壳活动十分剧烈，大片的陆地从海洋中升了出来。在这样不利生活环境的压力下，有的鱼类因不适应而灭绝了，有的继续向水生方向发展，但逐渐改进了它们的身体，进化出更高等的鱼类。还有一支则登上了陆地，产生了适应于陆地生活的肺和四肢，从而演化出了两栖动物。

第二个问题必须通过化石来寻找答案。我们知道，最古老的两栖动物化石发现于泥盆纪晚期的地层中（距今约3.6亿年前）。其中研究最详尽的是发现于格陵兰东部的鱼石螈和棘螈。20世纪90年代以来，在澳大利亚、苏格兰、爱尔兰、美国、巴西以及拉脱维亚又相继发现了更多的泥盆纪晚期的四足动物的骨骼和足迹化石。这发现表明，最古老的两栖动物在泥盆纪晚期时，已经在地球的许多角落出现了。

你知道吗

棘螈

这种生物已经演化出前后肢，但每肢都有8趾。这种生物是从鱼类进化到两栖类的过渡产物。而且，它具有更多的鱼类特征，如有鳃、鳍和只能在水中起作用的感官，一生很少会离开水。但是化石研究表明、棘螈可以用前肢撑起头部进行呼吸，就像现在的娃娃鱼。

对第三个问题的争论是最激烈的。现在生物课中使用的多数教科书上都写着：“总鳍鱼是两栖类的祖先。”这一推断有着许多形态学和解剖学的依据。在鱼类中，同属于肉鳍鱼类的总鳍鱼类和肺鱼类是公认的两栖类祖先的候选者。现生总鳍鱼（仅发现一类，即拉蒂迈鱼）和化石总鳍鱼的胸鳍和腹鳍的鳍骨的排列，与四足动物的四肢骨排列十分相似。而肺鱼类的鳍骨与之差别较大。但我国古鱼类学家张弥曼院士通过对各种总

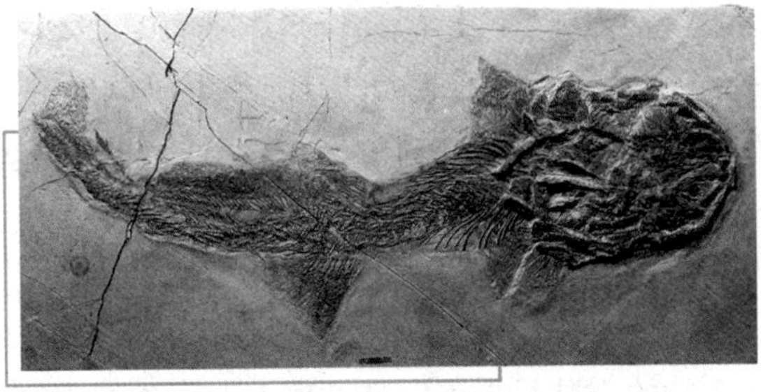

海洋向陆地进军的证据——远古鱼类化石

鳍鱼类头骨化石的研究，指出总鳍鱼不具有内鼻孔，这样就不能离开水在空气中呼吸，因而失去了到岸上生活的基础。她和其他一些国内外科学家支持另一种假说，即从一种接近古代总鳍鱼类和肺鱼类共同祖先的原始鱼类，进化出了四足动物。另外，还有一些学者认为，肺鱼是两栖类的祖先。

基本小知识

基因

编码蛋白质或RNA等具有特定功能产物的遗传信息的基本单位，是染色体或基因组的一段DNA序列（对以RNA作为遗传信息载体的RNA病毒而言则是RNA序列）。包括编码序列（外显子）、编码区前后对于基因表达具有调控功能的序列和单个编码序列间的间隔序列（内含子）。

科学家甚至发现远古鱼进化前已有四肢基因。匙吻鲟是现今最古老的“放射状鳍”鱼。远古鱼类先是具有调控发育四肢的基因，然后再慢慢地进化成3.65亿年前地球上最早的有肢体动物。

美国芝加哥的研究人员一直在寻找四条腿的两栖动物是如何从鱼类进化并逐渐占据了陆地，这是地球生物进化史上最具里程碑的进化背后所隐藏的线索，因为正是这些两栖动物为以后的爬行动物、鸟类和哺乳动物，乃至人类的进化铺平了道路。古生物科学家尼尔·舒宾称，在研究远古鱼进化的时候最关注的是从鳍到肢的进化，这是最具有划时代意义的生物进化事件。古生物科学家们通过目前地球上最古老的鱼类——匙吻鲟进行研究，发现远古的鱼类在进化成有肢体的动物之前，已经具备了生长四肢基因功能。

经过一系列研究，科学家发现调控四肢形成的基因在鱼鳍中如何进行基因变化，这项发现并不是在所有的鱼种身上都有，而仅限于那些古老的鱼类。匙吻鲟现今只能在我国和美国的一些淡水区域生存，它们是最古老的“放射状鳍”鱼，它们的肉状鳍在结构上非常接近那些进化成早期陆地生物的鱼类的鳍。匙吻鲟鳍中的软骨与陆地生物的上肢骨有着密切的联系。虽然匙吻鲟是古老的鱼种，但是在爬行动物统治地球的时期，它们还没有出现，匙吻鲟只是进化成爬行动物的远古鱼类的另一进化分支。古生物学家把这种在匙吻鲟胸鳍发现的基因称作Hox基因，它在鳍的进化中起着重要作用。他们利用分子生物学手段，通过分子标记物追踪这些基因在鳍内的活动，发现与陆地生物四肢中类似基因的活动相似。

知识小链接

基因突变

基因突变是指基因组DNA分子发生的突然的、可遗传的变异现象。从分子水平上看，基因突变是指基因在结构上发生碱基对组成或排列顺序的改变。基因虽然十分稳定，能在细胞分裂时精确地复制自己，但这种稳定性是相对的。在一定的条件下基因也可以从原来的存在形式突然改变成另一种新的存在形式，就是在一个位点上，突然出现了一个新基因，代替了原有基因，这个基因叫做突变基因。于是后代的表现中也就突然地出现祖先从未有的新性状。

至此，研究人员发现的结果，与原来的进化理论出现矛盾。因为过去古生物科学家们一直认为先是环境的变化诱发了基因突变，这些突变的基因再调控了四肢的形成。而最早的森林萌芽于3.85亿年前，高耸的树干类似于现在的棕榈树，有助于形成新的淡水生态系统。古生物学家在去年就发现了一种被称作Tiktaalik（意思是体积较大的浅水鱼）的生物，它大概起源于3.75亿年前，可以被看作鱼类和最早的陆地脊椎动物之间一个被遗失的进化分支。Tiktaalik具有鱼类的特征，但它还有头骨、颈椎、肋骨和其他的肢体结构，与距今500~1000万年前最早两栖动物棘螈很类似。因此在基因的准备已经很长一段时间之后，新的生态系统在Tiktaalik出现的时间或稍前才形成，那时才开始真正四肢的进化。

过去的辉煌——古生代的两栖动物

现代的两栖动物，如青蛙、娃娃鱼等都是体表湿润光滑的，所以它们又统称为“滑体两栖动物”。然而在遥远的古生代，两栖动物的头上戴着“头盔”，身上长着鳞片。

曾经有两大类两栖动物在古生代时比较繁盛，这些动物的头部很大，结构坚实，覆盖有坚厚的骨板，因而又常被称为“坚头类”。第一类叫做迷齿两栖类，由其迷路状的牙齿结构而得名。它们是最早出现的两栖动物，也是地球上最早的四足动物，在距今3.5～2.5亿年前的石炭纪、二叠纪时期十分繁盛，从中生代初期开始逐渐衰落，一直延续到白垩纪早期，然后从地球上销声匿迹。迷齿两栖类的地理分布很广，种类也十分丰富，后期的迷齿两栖类个体可以达到2米多长，当时是一种可怕的捕食者。我国的乌鲁木齐鲵就是二叠纪时期生活在新疆的一种小型迷齿两栖类，体长约20多厘米。

第二类古老的两栖动物叫做壳椎两栖类。它们是一些小型的两栖动物，体长一般小于30厘米。壳椎类最早出现于石炭纪早期（约3.4亿年前），在二叠纪的中期彻底灭绝。壳椎两栖动物只分布在欧洲、北美和北非的古生代地层中，我国没有这种动物。

广角镜

壳椎类

壳椎类是两栖动物的一个已灭绝的亚纲。壳椎类多为小型两栖动物，适应于浅水及沼泽生活；最早出现于早石炭世，至古生代末灭绝，从未繁盛过。一般分为三个目：游螈目、小鲵目和缺肢目。

多数古老的两栖动物种类都在演化中消失并灭绝了，但从古生代的两栖动物中发展出了两个重要的分支，一支是向现代的两栖类方向发展，最后演化为我们如今见到的青蛙、蝾螈等滑体两栖动物；另一条道路或许更为重要，即从迷齿两栖类中的一个称为“石炭螈类”的分支

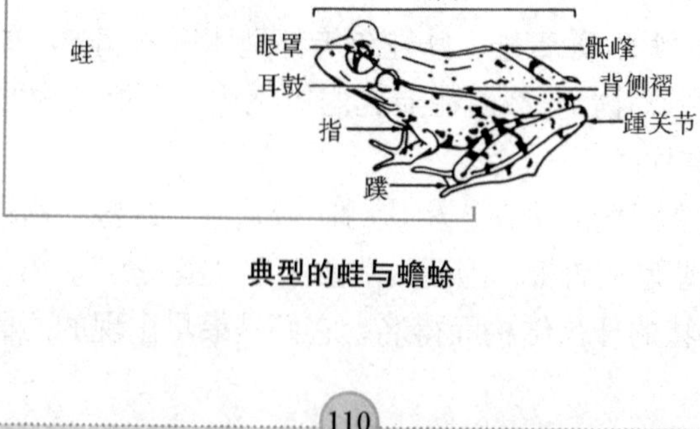

典型的蛙与蟾蜍

中演化出了爬行动物，后来从后者进一步演化出鸟类、哺乳类等。所以说，在低等的两栖动物中，孕育着以后更高等的脊椎动物，从而会最终出现天空中飞翔的鸟类以及我们人类自身。

泥盆纪时虽然早的两栖类已经出现，但这已经是这个时代末期的事了，泥盆纪终究还应该是鱼类的时代，那时的鱼类不仅在数量上压倒一切，不仅有各种古老的类型，而且软骨鱼和硬骨鱼的代表也已出现了。随着泥盆纪的结束，石炭纪到来了。石炭纪这个名称之由来就是因为那个时代的地层里埋藏着多量的煤的缘故。煤是古代植物的产物，可见那时地面上已经覆盖了大片的森林。通过植物化石的研究，知道那时已有高大的鳞木、封印木、芦木、羊齿以及苔藓等等。它们生长在沼泽、池沼以及潮湿的岸边。陆地植物的茂盛也大大地增加了气候的湿润。这就为两栖类的发展创造了良好的条件。

两栖类的祖先自泥盆纪晚期出现以后，在与陌生的环境斗争过程中，不断发展着自己。到了石炭纪，它们的繁荣历史开始了。两栖类最繁盛的时代是石炭纪和二叠纪，因此这两个纪称作两栖动物的时代。两栖类是水陆两栖的，但仅仅在生活习性上的水陆两栖还并不能说明两栖类的特点，因为还有一些高等脊椎动物也存在着这种习性，因此我们说它是两栖类是因为它必须在水中渡过生活史上的幼年期（蝌蚪），用鳃呼吸，到了成年期才上陆，改为肺呼吸。这就是说在两栖类的生活史上要经过“变态”这一过程。

青蛙的幼年期——蝌蚪

两栖类的身体结构是脊椎动物适应陆地环境的初步尝试，它们在不同的生态环境下表现出种种不同的反应。

成年两栖动物虽然已经用肺进行呼吸，但它们的呼吸方式和高等脊椎动物还是不一样的。这种呼吸方式给两栖类的头骨、肋骨等带来了一系列的变化。高等脊椎动物利用胸廓的胀缩来控制肺呼吸，两栖动物则不是这样。它的鼻孔里有着一种瓣，通过这个瓣的开放和关闭，促使空气来回流动，这个瓣的控制是由口腔腹侧的颌间肌担任的。这种肌肉愈发达，呼吸就愈有效。由此，在后期两栖类里头骨变得又宽又扁，与这种肌肉的发育也是有关系的。这种呼吸方式用不着胸廓的作用，因此两栖类的肋骨往往不发达。早期的类型里肋骨还较长，到后期类型里肋骨都较短，现代无尾类里，肋骨就根本消失了。

利用颌间肌来控制肺呼吸也还不是有效的办法，动物上陆后，活动量加大，单靠颌间肌的作用也还不能满足需要。两栖动物除了肺以外，还有辅助性的呼吸器官，这就是皮肤（包括口腔上皮）。所有现生两栖类的皮肤都是裸露的，而且都是湿润的，上面布满着微血管。青蛙的皮肤的呼吸作用还相当重要。在某些有尾类里肺干脆退化了，呼吸作用全部由高度血管化了的皮肤、口腔上皮和咽喉担任。

脊椎动物上陆后，各种感觉器官都有相应的变化，听觉器官的改革尤为重要。鱼类只有内耳构造，除了司平衡也管听觉。它们没有直接与外界相通的耳道，声波在水里引起水的震动，再引起头部的震动，再引起内耳淋巴液的震动，通过听神经传至脑部。这种只有内耳的听觉器官在陆地上则无效了。声波在空气里的传布比在水里要微弱，往往很难震动内耳淋巴液，只有把声波扩大后传递到内耳才能起作用。陆生脊椎动物的中耳的产生便起到了这样的效果。中耳中的第一块听骨——由舌颌骨再一次转变功能而成的镫骨一头紧靠内耳的卵圆窗，一头接在外侧的鼓膜上。声波通过鼓膜震动听骨，被扩大后再传至内耳。鱼类里的喷水孔便成了陆生脊椎动物里的中耳腔。

拓展阅读

淋巴液

组织液进入淋巴管即成为淋巴液。淋巴液和淋巴细胞组成了通常所说的“淋巴”。因此，来自某一组织的淋巴液成分与该组织的组织液非常相近。除蛋白质之外，淋巴液的成分与血浆相似。淋巴液中的蛋白质以小分子居多，也含纤维蛋白原，故淋巴液在体外能凝固。成份与组织液相同，因是由血液经微血管所渗出来的，所以不含红血球，而且蛋白质为血液的四分一。

基本小知识

内耳

内耳由于结构复杂，又称为迷路，全部埋藏于颞骨岩部骨质内，介于鼓室与内耳道底之间，由骨迷路和膜迷路构成。骨迷路由致密骨质围成，是位于颞骨岩部内曲折而不规则的骨性隧道。膜迷路是套在骨迷路内的一封闭的膜性囊。膜迷路内充满内淋巴液，骨迷路和膜迷路之间的腔隙内被外淋巴液填充，且内、外淋巴液互不相通。

陆地上的“呼声”

◎奇怪的“蚯蚓”

古老两栖动物的一支发展为滑体两栖类，其中有一个形态很特别的种类。它们的外形像蚯蚓，没有四肢，尾短或没有尾部（“尾”的通常含义是指肛门以后的躯体部分）。这其实是一类十分特别的滑体两栖动物——无足类，与真正的蚯蚓（一种环节动物类的无脊椎动物）在生物分类上相差甚远。

西双版纳鱼螈

多数无足类生活在热带地区，并且习惯地下穴居的生活，鱼螈是这类动物的代表之一。它们的皮肤裸露，有许多环状皱纹，富于黏液腺，眼睛退化，但嗅觉很发达。这类动物的脊椎骨数目很多，有的种类多达250块，而最大的无足类的个体长度可以达到1.5米。

无足两栖类除了具有以上特化性特征，还表现出一些原始的特点。如大多数无足类具有退化的骨质的鳞片，这些鳞片不是像鱼类那样覆盖在身体表面，而是陷入在皮肤的环状皱纹之内。前面提到坚头类的多数种类，体表都有厚重的甲胄。所以，无足类退化的小鳞片被一些学者视为古代坚头类体表鳞甲的遗迹，反映了这类动物承前的原始特征。

现生的无足两栖类不到200种，分布在中美洲、南美洲、亚洲南部和非洲的热带地区。西双版纳鱼螈是我国仅有的一种无足两栖类。无足类的化石十分罕见，最古老的化石无足类，发现于大约2亿年前的侏罗纪早期，化石发现于美国的亚利桑那州，被命名为“小肢始蚓螈”，它的特别之处是这种动物仍保留有弱小的四肢，这也反映了它的原始性。随着以后的演化，这些四肢将进一步缩小，到现生种类中则完全消失，成为真正的“无足类”。除了始蚓螈化石，还有个别零星的无足类脊椎骨化石，发现于巴西、玻利维亚和摩洛哥的中生代或新生代早期的地层中。

◎地层中的“蛙鸣”

蛙类是一种身体特化，适应于跳跃生活习性的两栖动物。现生蛙类有3500多种，由于骨骼细弱以及生活环境一般潮湿等原因，它们很少保存为化石。我国在过去几十年中，只发现了几件新生代的蛙化石，但更古老的蛙类却是源于最新的发现。

地层中的蛙类化石

1999年，一只古老的蛙化石引起了国内外科学家的广泛关注，中国科学院古脊椎动物与古人类研究所的学者将它命名为“三燕丽蟾”。它是我国已知的最早蛙类，生存在距今约1.25亿年前的白垩纪早期，与大大小小的恐龙生活在同一时代。三燕丽蟾不仅时代早，而且化石保存得十分精美，这在蛙类化石中极其罕见。过去我国仅发现了2～3块较完整的蛙化石，如山东临朐的玄武蛙（距今约1600万年前）和山西武乡的榆社蛙（距今约500万年前）

等，它们的时代都比较年轻。如今，在古老的中生代地层中发现了完整的蛙化石，成为科学家们激动的幸事。

三燕丽蟾的骨骼形态，已经与现生无尾两栖类十分相近，如具有发育的髂骨和伸长的后肢，这表明它已经具有相当的跳跃能力。它的上颌边缘长满了细细的梳状排列的牙齿，而我们现在常见的蛙类大多没有牙齿，具有牙齿是原始的表现。根据这一特征判断，三燕丽蟾的舌部捕食机能及身体的运动能力可能还不够强，牙齿在辅助捕食中具有比较重要的作用。

在分类学上，三燕丽蟾属于盘舌蟾类的一种。欧洲的盘舌蟾、产婆蟾与亚洲的东方铃蟾是它的现生的近亲。从现生这些蛤蟆的样子推测，三燕丽蟾的形象也不会好看。可见“丽蟾”之名来自它精美的骨架化石，而不是这类动物的“长相”。

蛙类鉴于自身的生理及生态特点，很难保存为完整的化石。那么，三燕丽蟾为什么能保存成这样完整的骨架呢？说起来令人难以置信，这多亏了火山的作用。科学家发现，在保存三燕丽蟾化石的岩石中，含有大量的硅质成分，而这些硅质成分来自火山灰。大量证据表明，三燕丽蟾生活的地区火山活动十分频繁。我们可以设想这样的场面——一个风和日丽的早晨，各种动物仍像往日一样开始了它们一天的活动，突然，不远处的一座火山猛烈喷发了，浓厚的火山灰像一个张牙舞爪的魔鬼，快速地扑向了湖区的生命，许多动物在瞬间因窒息而死，连空中飞翔的鸟类也不能幸免。大量的火山灰仍不停地降落，将死去动物的遗体迅速掩埋起来，三燕丽蟾的骨架就是这样完整地保存下来，成为今天科学家校对蛙类演化历史的重要证据。

奇怪的两栖动物

◎ 有尾巴的两栖类

蝾螈类是“有尾巴的两栖类”。现生种类有 300 多种，主要分布在北半球，只有一类叫做“无肺螈类”的有尾两栖动物进入了南半球的南美洲。

有尾两栖类的历史，最早可以追溯到侏罗纪中期（大约 1.7 亿年前）。已知最早的代表发现于中亚和西欧，但这些化石都十分零散、破碎。最近，在我国东北的白垩纪早期的地层中，发现了许多保存精美的有尾类化石，这些化石具有时代早、保存状态好、数量多、种类丰富等特点，在研究世界有尾类的早期演化中占有重要的地位。

奇妙的蝾螈

这些化石之所以重要的另一个原因是，它们是世界上已论证出的最早的现代蝾螈类的代表，许多特征可以与现生种类比较，由此推测，世界上现存的蝾螈类很可能是由此演化出来的。目前已经命名的我国中生代有尾类，有钟健辽西螈、东方塘螈、奇异热河螈、凤山中国螈等，它们生活在距今 1.3 ~ 1.1 亿年前我国的北部地区。我国现生的有尾两栖类有 3 个科：小鲵科、隐鳃鲵科和蝾螈科。已经报道的我国中生代有尾类都是比较原始的科类，还不能分类到已知的科中。

知识小链接

离片椎类

离片椎类是两栖纲一目。因椎体由腹面的间椎体和背侧的侧椎体多块椎体构成而得名。早石炭世至早白垩世全球分布。包括块椎类和全椎类两亚目，前者具有大的间椎体和小的侧椎体，多陆生；后者只有间椎体，而侧椎体消失，多水生。

同样困扰科学家们的还有另一个问题——到底是从哪一种或哪些种古老的两栖动物进化出了现代两栖类（即滑体两栖类）。多数学者认为，从迷齿两栖类中的某一种离片椎类动物进化出了滑体两栖动物的祖先类型。持这种观点的人相信，所有现代的两栖动物有一个共同的祖先，故又称为“单源起源说”。与之相对的是“多源起源说”，这种学说认为无尾两栖类是从离片椎类进化来的，而有尾两栖类和无足两栖类可能是从壳椎类演化出来的。日前两种假说孰是孰非，还难有定论，这也是现代两栖动物进化中的一个未解之谜。

◎ 叫声似婴儿啼哭的娃娃鱼

你知道娃娃鱼被打捞上岸后是怎样生活的吗？你想了解娃娃鱼生活的一些趣事吗？

娃娃鱼，学名大鲵，是我国现存体型最大的两栖类动物，因其叫声颇似婴儿啼哭而被人们称为娃娃鱼。大鲵有四条又短又胖的腿，与婴儿手臂很相似，前腿为四指，后腿为五趾，整体外形有点儿像壁虎。野生的娃娃鱼以鱼、虾、蟹、蛙和水生昆虫为食，但它又不善于追捕，只好“守株待兔”：先隐蔽好自己，待“猎物”出现时搞“突然袭击”。它的牙齿虽然又尖又密，却不能咀嚼，所有食物都是囫囵吞到胃里再慢慢消化。据说娃娃鱼特别耐饥，即使两三年不吃东西也不会饿死，因为它平时活动较少，所以体力消耗较小。当然，有了充足食物，它也会“暴饮暴食”，体重因此增加很多。到了“非常时期”，它们甚至会“同类相残”，以自己的卵充饥。这虽然有些“残暴”，但也不失为一种延续生命的“举措”。

娃娃鱼还是两栖类动物中的“寿星”，据说在人工饲养的“优越条件”下，它可以活到130岁。在宁夏著名旅游景区沙湖，就有3条人工饲养的娃娃鱼。这3条娃娃鱼体重不一、大小有别、上岸时间不同，但它们的命运基本相同：均来自沙湖的湖水；都是人们无意中捕捞上来的；现在都是这个旅游区的“宠儿”，是游人必看的“明星”。离开原来熟悉的环境过起“单身生活”的娃娃鱼，如今怎样了？

> **趣味点击**
>
> **蜕皮**
>
> 蜕皮是蜕去表面皮层代之以新的皮层的过程。蜕皮过程受激素调节，发生于整个动物界。蜕去外骨骼以使身体长大或改形也称蜕皮，这种现象见于节肢动物、线虫和缓步虫类。许多节肢动物（主要是昆虫）和爬行动物，生长期间旧的表皮脱落，由新长出的表皮来代替。通常每蜕皮一次就长大一些。

开始管理人员只是喂鱼给它们，但细心的管理人员很快发现，它们吃了鱼还要把鱼鳞吐出来，结果把鱼缸弄得很脏。后来，管理员在夏季依然给它们喂鱼，到了冬季就试着喂其他食物，最后才选定了羊肉。

娃娃鱼

管理员将羊肉切成小块投给它们，它们便一口吞下，再投几块，它们就吃不下了。现在，第一条娃娃鱼每天的食量是250克羊肉，另两条娃娃鱼每天只需100克肉就够了。一种水生动物居然爱吃羊肉，这多少有点出人意外。看来，娃娃鱼的“吃喝拉撒”真是别有情趣呢！

沙湖娃娃鱼一般一星期排泄一次，但也不尽然。现在，管理人员在一般情况下每隔7天给鱼缸换一次水。每换一次水，它们就蜕一次皮。夏季蜕皮次数尤其多，据说蜕皮有调节体温的作用。每一次蜕皮都会发生令人瞠目的现象：娃娃鱼张开大嘴，从头往下逐渐蜕皮，那略呈灰色的薄膜蜕到尾部时，一时不能完全蜕下，娃娃鱼便大幅度扭动身体，甩动尾巴；当皮蜕到一定程度时，它就扭头用嘴叼住自己的皮向下撕扯，然后将蜕下的皮完全吞入自己的腹内，当食物吃掉。据介绍，娃娃鱼有药用价值。也许，娃娃鱼此举是在“自我保健”吧，这可真是“肥水不流外人田”啊！

习惯了自由自在、向来“养尊处优”的沙湖娃娃鱼能在人工喂养的环境下长得这么好，的确不是一件易事。

"爬行"闯天下

神秘的爬行动物世界记录着一个个上亿年的故事。它们是恐龙的后代，它们躲过了6500万年前的一场浩劫而存活下来。在本章中，我们将看到鳄鱼锋利的牙齿，乌龟坚硬的铠甲，喷射毒液的眼镜蛇，在树林中滑翔的晰蜴。它们不是残忍的杀戮者，而是人类的朋友。

爬行动物的演化历史

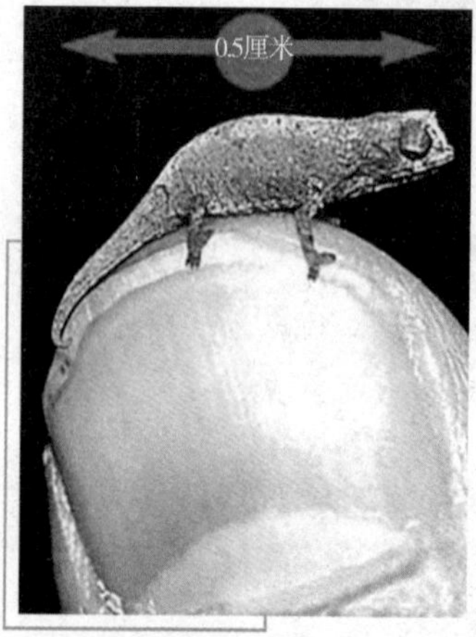

侏儒壁虎

在最早的爬行动物出现后不久，出现了两个演化支，一个是无孔亚纲。无孔亚纲拥有坚硬的头颅骨，没有颞颥孔，仅有与鼻孔、眼睛、脊椎相对应的洞孔。乌龟被认为是目前仅存的无孔动物，因为它们拥有相同的头颅骨特征；但最近有些科学家认为乌龟是返祖遗传到原始的状态，以增加它们的保护能力。另一群演化支是双孔亚纲，头颅骨上有两个颞颥孔，位于眼睛后方。双弓动物进一步分化为两个支系：鳞龙类包含现代蜥蜴、蛇、喙头蜥，可能还有中生代的已灭绝海生爬行动物；主龙类包含现代鳄鱼与鸟类，以及已灭绝的翼龙目与恐龙。

知识小链接

颅骨

颅骨位于脊柱上方，由23块形状和大小不同的扁骨和不规则骨组成（中耳的3对听小骨未计入）。除下颌骨及舌骨外，其余各骨彼此借缝或软骨牢固连结，起着保护和支持脑、感觉器官以及消化器和呼吸器的起始部分的作用。颅分脑颅和面颅两部分。脑颅位于颅的后上部，内有颅腔，容纳脑，共8块。面颅为颅的前下部分，包含眶、鼻腔、口腔等结构，构成面部的支架，共15块。

而最早期、具坚硬头颅骨的羊膜动物也演化出另一独立的演化支，称为单孔亚纲。单弓动物的眼睛后方有一对窝孔，可减轻头颅骨重量，并提供颌部肌肉附着点。单孔亚纲最后演化为哺乳类，因此被称为似哺乳爬行动物。单孔亚纲过去为蜥形纲的一个亚纲，但目前为个别的合弓纲。

现代的爬行动物栖息于每个大陆，除了南极洲以外，但它们主要分布于热带与副热带地区。现存的爬行动物，体型最大的是咸水鳄，可达7米以上，最小的是侏儒壁虎，只有1.6厘米长。除了少数的龟鳖目以外，所有的爬行动物都覆盖者鳞片。

虽然所有的细胞在新陈代谢时都会产生热量，大部分的爬行动物不能产生足够的热量以保持体温，因此被称为冷血动物或变温动物（棱皮龟可能是个例外）。爬行动物依靠环境来吸收或散发内部的热量，例如在向阳处或阴暗处之间移动，或借由循环系统将温暖血液流动至身体内部，将较冷血液流动至身体表层。大部份生存于天然栖息地的爬行动物，可将身体内部的体温维持在相当狭窄的变化范围内。不像两栖类，爬行动物的表皮厚，因此不需要栖息在水边，吸取水份。由于体温调节方面的关系，爬行动物可以较少的食物维生。温血动物通常以较快速度移动，一种攻击性蜥蜴、蛇、或鳄鱼的移动速度较快。

广角镜

胎盘

胎盘胎盘是后兽类和真兽类哺乳动物妊娠期间由胚胎的胚膜和母体子宫内膜联合长成的母子间交换物质的过渡性器官。胎儿在子宫中发育，依靠胎盘从母体取得营养，而双方保持相当的独立性。胎盘还产生多种维持妊娠的激素，是一个重要的内分泌器官。有些爬行类和鱼类也以胎生方式繁殖后代，胚胎生长出一些辅助结构如卵黄囊、鳃丝等与母体组织紧密结合，以达到母子间物质的交换，这样的结构称假胎盘。产妇分娩后的胎盘还是一种中药，称之为人胎衣、紫河车。

大部分的爬行动物是卵生动物，它们的胚胎由羊膜所包覆。然而，许多有鳞目能够直接生下后代，例如卵胎生或胎生的方式。大部分的胎生爬行动物借由不同形式的胎盘给与胎儿养分，类似哺乳类的方式。它们通常提供刚出生幼体适当的初步照顾。

◎循环系统

大部分的现存爬行动物具有闭合的循环系统，它们具有三腔室心脏，由两个心房与一个心室所构成，心室的分割方式并不一致。它们通常只有一对大主动脉。当它们的血液流经三腔室心脏时，含氧血与缺氧血只有少量混合。但是，血液可改变流通方式，缺氧血可流向身体，含氧血可流向肺脏，使爬行动物的体温调节更有效率，尤其是水生物种。

鳄鱼具有四腔室心脏，可以在水中以三腔室心脏运作。某些蛇类与蜥蜴

（例如巨蜥与蟒蛇），具有三腔室心脏，但可以四腔室心脏方式运作。因为它们心脏的皮瓣可在心动周期时，随者扩张、收缩隔开心室。某些喙头蜥可借由皮瓣，产生类似哺乳动物与鸟类的心脏运动。

基本小知识

心室

心脏如本人的拳头，外形像桃子，位于横膈之上，两肺间而偏左。心脏是一中空的肌性器官，主要由心肌构成，有左心房、左心室、右心房、右心室四个腔。左右心房之间和左右心室之间均由间隔隔开，故互不相通，心房与心室之间有瓣膜，这些瓣膜使血液只能由心房流入心室，而不能倒流。

◎呼吸系统

所有的爬行动物都用肺脏呼吸。水生乌龟发展出具渗透性的皮肤，某些爬行动物可用泄殖腔来增加气体交换的面积。即使具有这些构造，它们仍需要肺脏来完成呼吸作用。在各个主要的爬虫类动物种类之间，完成肺部换气的方式并不相同。有鳞目爬虫类的肺部几乎只借由轴肌换气，而这个肌肉也同时用于运动。因为这个限制，大部分的有鳞目爬虫类必须在激烈的移动中停止呼吸。但是，有些爬虫类找到了解决方法。巨蜥以及一些其他的蜥蜴物种使用一种使用到喉咙肌肉的方法来补足原本的“轴呼吸”。这使得这些动物可以在激烈运动中为肺部完全充气，所以可以持续进行有氧呼吸很长一段时间。据了解双领蜥具有原生横隔膜可将胸腔和腹腔分开来。即使此膜不能动，它还是能借着将内脏的重量和肺分开而增加肺的吸气量。鳄鱼其实拥有和哺乳类动物相似的有肌肉横隔膜。不同的是，鳄鱼的横隔膜将耻骨拉回（部分的骨盆，在鳄鱼中能移动），从而使肝下降，以腾出空间使肺能胀大。这种横隔膜式的机制被称作“肝活塞”。

关于海龟和陆龟如何呼吸已经被研究了很多次。迄今为止，只有少数物种已经被深入研究到足以了解乌龟如何呼吸。其结果表明，海龟及陆龟分别找到了不同的方法来解决这个问题。但问题是，大部分的龟壳是僵硬的，且不能像其他羊膜动物使用的膨胀和收缩来为肺部换气。一些乌龟，如印度鳖（lissemys punctata）有一层肌肉包覆著肺部。当它收缩时，乌龟可以呼气；在静止时，乌龟可以收回四肢进到体腔内，并强制使空气排出肺部的。而当乌龟伸出其四肢时肺部内的压力会减少，乌龟因此可以吸进空气。乌龟的肺连接到壳内的上方，而肺的底部附着在其余内脏（由结缔组织连接）。借由一系列特殊的肌肉（大约相当于一个横隔膜），因为许多这些肌肉的附着点都在他们的前肢上（事实上，很多的肌肉在收缩时扩张到四肢的袋子里），乌龟能够推动他们的内脏向上或向下，造成有效的呼吸。

绿蠵龟

现今已研究了 3 个物种在运动期间的呼吸，并且显示了它们之间不同的模式。当成年雌性绿蠵龟沿着要产卵的海滩爬行时并不呼吸。他们在陆上运动时屏住呼吸，只有在停顿休息时呼吸。北美的箱龟运动期间还是继续呼吸，而且其换气的周期并不与肢体动作相关。它们可能是利用其腹部肌肉在运动中呼吸。最后被研究的物种是红耳龟，它们也在运动中呼吸，但他们在运动中的呼吸比在运动间停顿时的呼吸还少，显示肢体运动和呼吸器具之间可能有机械干扰。箱龟也被观察到在完全密封的壳内呼吸。

大部分的爬行动物缺乏次生颚，所以当它们进食时，无法同时呼吸。鳄鱼已发展出骨质次生颚，使它们可在半隐没至水中时持续呼吸，并防止嘴中的猎物挣扎时，伤及脑部。石龙子科也演化出骨质次生颚。

◎排泄系统

爬行动物的排泄系统主要借由两颗肾脏。双孔动物所排泄的主要含氮废物是尿酸；而乌龟主要排泄尿素，类似哺乳类。不像哺乳类与鸟类的肾脏，爬行动物的肾脏不能够制造尿液，尿液可以储藏更多的身体废物。这是因为它们缺乏鸟类与哺乳类所拥有的肾元，称为亨利氏环。因此许多爬行动物使用它们的结肠与排泄腔来再度吸收水分。有些爬行动物甚至可利用膀胱来取得水分。有些爬行动物的鼻部与舌部具有盐腺，可以储存额外的盐分。

知识小链接

尿素

尿素别名碳酰二胺、碳酰胺、脲 。是由碳、氮、氧和氢组成的有机化合物，外观是白色晶体或粉末。它是动物蛋白质代谢后的产物，通常用作植物的氮肥。尿素在肝合成，是哺乳类动物排出的体内含氮代谢物。这代谢过程称为尿素循环。尿素是第一种以人工合成无机物质而得到的有机化合物。活力论从此被推翻。

◎骨骼系统

爬行动物的骨骼系统大多数由硬骨组成，骨骼的骨化程度高，很少保留软骨部分。

◎神经系统

爬行动物与两栖类的脑部具有相同的基本部分，但它们的大脑与小脑稍大。爬行动物的感觉器官多发展良好，除了少部份物种，例如蛇缺乏外耳，但仍具有中耳与内耳。爬行动物具有 12 对脑神经。

◎繁 衍

除了陆龟与海龟以外，大部分的雄性爬行动物具有成对的管状性器官，称为半阴茎。陆龟与海龟则具有单一阴茎。所有的龟鳖目皆为卵生动物，而某些蜥蜴与蛇是卵胎生或胎生动物。爬行动物借由泄殖腔来交配、繁衍；泄殖腔位于尾巴基部，可用来排泄与繁殖。

乌龟及其龟蛋

对于某些有鳞目物种而言，雌性个体若达到一定的数量，它们便能自行复制出单性染色体。这种无性繁殖方式称为孤雌生殖，目前已有 6 科蜥蜴，以及一种蛇，被确认具有这种无性繁殖能力，例如：数种壁虎、美洲蜥蜴科、以及蜥蜴科。被封闭的科莫多龙（巨蜥科）也具有孤雌生殖能力。除了以上物种以外，变色龙、飞蜥科、夜蜥蜴科、以及嵴尾蜥科，也被推测具有孤雌生殖能力。

爬行动物的蛋，外部是钙质蛋壳或皮革，覆盖者内部的羊膜、羊膜囊、以及尿囊。

◎最早的爬行动物——林蜥

林蜥（学名：Hylonomus）是种早期的爬虫类，它生存于3.15亿年前的石炭纪。到2006年为止，它是目前所能确认最早的爬虫类；西洛仙蜥更为古老，但应为两栖类，但目前被认为较接近于两栖类，而非羊膜动物。它大约20厘米长（包括尾巴），而且外表应该相当接近现代蜥蜴，它拥有锐利的小型牙齿，应该以千足虫与早期昆虫为生。林蜥是后来所有爬虫类的祖先。油页岩蜥与中龙都为最早期的爬行动物之一。最早期的爬行动物被发现于石炭纪的沼泽森林，但体型小于同时期的迷齿螈类。石炭纪末期的小型冰河期，使得早期爬行动物有机会成长至较大的体型，例如基龙与异齿龙。

你知道吗

膀胱

膀胱是一个储尿器官。在哺乳类，它是由平滑肌组成的一个囊形结构，位于骨盆内，其后端开口与尿道相通。膀胱与尿道的交界处有括约肌，可以控制尿液的排出。

科学家在加拿大找到了当时巨大的封印木的化石，并惊喜地发现，在植物化石的空树干中，还躲藏着非常原始的爬行动物。人们给这种动物起名叫林蜥，它们到底是为了避难而躲在树洞中，还是就居住在其中，人们不得而知。从林蜥的骨骼化石观察，它的头骨很高，口中具有迷宫样式的迷齿，这些都是两栖动物的特点；而林蜥的脊椎骨则与其后出现的爬行动物相似，这个长有两栖动物的头和爬行动物的身子的怪家伙，被定为爬行动物的老祖宗。

爬行动物“定居”陆地

迷齿两栖动物在古生代晚期的石炭纪和二叠纪时，曾经一度繁盛。但在它繁盛初期时，就有一支已经进化为爬行动物。这支爬行动物逐渐崛起，最终在中生代一统天下。爬行动物形成的标志是羊膜卵的出现。

虽然两栖动物已经登上了陆地，但只有在羊膜卵出现后，脊椎动物才真正摆脱了（个体发育过程中）对外界水体的依赖，成为完全陆生的动物。羊膜卵的出现是脊椎动物进化史上继“颌的出现”、“从水到陆”之后的又一次重大的飞跃。

拓展阅读

羊膜卵

羊膜卵是指具有羊膜结构的卵，是爬行类、鸟类、卵生哺乳动物所产的卵。在胚胎发育过程中，发生三层胚膜包围胚胎：外层称绒毛膜内层称羊膜，另有尿囊膜。羊膜卵的出现，完全解除了脊椎动物在个体发育中对水环境的依赖，使动物能够在陆地上孵化。

具有羊膜卵的脊椎动物统称羊膜动物。爬行动物和鸟类、哺乳类一起构成了羊膜动物。现代的羊膜动物都很好判断，只要看它们是否产羊膜卵就可以了。但要判断化石生物就有些困难了，因为我们无法直接从骨头上知道某类生物是否产羊膜卵。

大家公认的最早的蛋化石发现于三叠纪。有间接的证据表明，羊膜卵比目前已知的最早爬行动物出现得早。长期以来，蜥螈被认为是羊膜动物的祖先类型，因为它的骨骼构造兼备两栖动物和爬行动物的特征。但是由于它出现时间太晚（早二叠世），不大可能是爬行动物的直接祖先。在古生代的两栖动物中仅石炭螈类与羊膜动物最接近。

◎ 独特的龟

龟类是一类独特的动物，从它们具有的壳就能一眼分辨出来。除了甲壳，龟的头骨和头后骨骼也很特别。龟类甲壳分为背腹两部分，背面的叫背甲，腹面的叫腹甲。它们除次生退化外，一般分内外两层：外层是角质的，由许多盾片组成；内层是骨质的，由许多骨板组成。龟鳖类不仅脊柱与壳愈合，背甲也由骨板与肋骨愈合而成。与其他所有的脊椎动物不同，龟鳖类的肋骨位于肩带和腰带之外。这使它能将头、四肢和尾部缩入壳内，在很大程度上保护了自身。最原始的龟是原颚龟，和最早的恐龙大致同时出现在2亿多年前，它已经有了与现代种类相似的壳了。从那以后的龟类都有一个壳，虽然某些后代有所变化，如鳖甲无角质层，为皮膜的鳖裙代替；而棱皮龟的背甲骨板退化，由大量细小的骨片组成，不与深层的骨板连接为一个整体。

深海中的龟

龟是从什么进化而来的，龟壳和龟身体各部位奇怪的组构方式是如何形成的，至今仍是个谜。人们曾经认为南非中二叠世的正南龟是龟类的祖先，但现在看来它与龟鳖类毫无关系。在灭绝的生物里，锯齿龙、前棱蜥、大鼻龙都曾被当作龟鳖类的祖先。然而这些候选者中，没有一类与龟类共有令人信服的进步性状。侏罗纪的龟已经基本上有了现生类型的构造。

趣味点击

原颚龟

原颚龟是目前科学家们所了解的最早龟鳖目成员，它生活在距今2亿年前的三叠纪晚期。原颚龟是现生龟、鳖类的共同祖先，它除了头部尚不能缩回壳中等原始特征外，与现代的龟类没有太大的区别，它的牙齿已经消失，两颚也形成角质喙，躯体有了龟壳保护。

尽管龟鳖类的外形很早就独具特色，但它们远非结构保守的“活化石”。龟鳖类在其漫长的生存历史中，经历了不寻常的、广泛的进化变迁，分化到许多不同的陆

鳖

生、水生生境中。龟类进化早期，由于头骨发展出两类滑车机制而分为侧颈龟类和曲颈龟类（或称隐颈龟类）两个类群，这两个类群独立地演化出了高度特化的颈部回缩方式。侧颈龟类沿着壳前缘在水平面内弯曲颈和头，繁盛时期是6000万年前的白垩纪和早第三纪，那时的侧颈龟类大多数是海生的。

龟类与大多数爬行动物一样是变温动物，其地理分布主要以热带和温带地区为主。绝大多数龟鳖类习惯陆地生活，但一般居住于河流、湖泊、沼泽和湿草地，河龟是较常见的龟类。真正完全陆生的龟类种类并不多。

还有一些龟则适应海洋生活，产生了桨状附肢，仅在产卵时回到沙滩。现代海生的龟有棱皮龟和海龟两大类。一般人的印象中，龟运动速度不快，但棱皮龟受惊吓时速度可以达到35千米/小时。这些龟在大洋中遨游，但总是不远万里回到出生地产卵。它们能在茫茫大海中精确定位，其洄游行为让人称奇。常常有一些报道说，被放生的龟能重返主人家，从而认为龟通人性，有灵气，其实，可能是因为这些龟与海龟具有类似的定位能力，所以具有重返故土的本能。

你知道吗

棱皮龟

棱皮龟，又称革龟，是龟鳖目中体型最大者，最大体长可达3米，龟壳长2米余；体重可述800－900公斤。棱皮龟主要分布在热带太平洋、大西洋和印度洋，偶尔也见于温带海洋。分布于热带至温带海域、北至西伯利亚海岸以及南中国海、东海、黄海沿海、海南沿岸、台湾沿岸等海域，多栖息于热带海域的中、上层，有时可进入近海和港湾中。据美国杜克大学研究小组发表的海龟调查报告表明，有可能在今后10－20年内灭绝。

龟类的寿命较长，一般可活数十年，也有过生存了188年的记载。我国民间有“千年王八万年龟”一说，因此，人们常把乌龟当作长寿的标志。

◎古老的鳄鱼

帝王鳄

帝王鳄，体长达到11～12米，仅头部就有1人多长。它生活在大约1.12亿年前尼日尔的大河深处，凶残无比。根据它的头骨构造和满嘴粗大尖锐的牙齿，科学家们推测不仅河中的鱼儿是它的食物，甚至中生代的霸王——恐龙，也常常成为它“餐桌”上的美味。其实，帝王鳄还不算是最大的鳄鱼，生存于美国晚白垩世的一种叫做恐鳄的鳄鱼，体长达到15米，是已知鳄鱼中的超级“巨人”。

说起家史来，鳄鱼起源的时间应该比恐龙还要早。不过，从化石记录来看，最早的鳄鱼和恐龙一样出现于三叠纪晚期。从那时起，鳄鱼目睹了爬行动物的衰败、恐龙的灭亡、哺乳动物的兴起和人类的成长。经过2亿多年的演化，鳄鱼仍然在地球这个大舞台上展现着它健壮的身躯，可谓一类极其成功的爬行动物。从鳄鱼的演化历史来看，原始的鳄鱼主要是陆生动物；更为进步的中鳄类则既有陆生类型，也有水生类型的，有一些中鳄类甚至特化为海生动物。现生鳄鱼属于真鳄类，它们主要是半水生的动物。鳄鱼的成功应该归功于它的身体结构：它的心脏和鸟类、哺乳类的一样有4个房室；它忍饥挨饿的能力很强，已知

趣味点击

甲龙

甲龙是甲龙科下的一个属，当中只有一种，称为大面甲龙。甲龙的化石是在北美洲西部的地层被发现，年代属于白垩纪末期。虽然甲龙的骨骼没有完整地被发现，甲龙常常被认为是装甲恐龙的原型。其它甲龙科亦同样有它的特征，如重装甲的身躯及巨型的尾巴棒槌，但甲龙却是这个科内最大型的成员。

有的种类即使半年不吃也不致饿死。它的身体构造则非常适应水中的生活。

鳄鱼进入新生代后的几千万年里，身体构造基本定型，没有大变化。因此，鳄鱼也被称为“活化石”。大多数鳄鱼都长着扁平的头，有一个长长的吻部，嘴里长着圆锥形的牙齿。美国科学家在马达加斯加晚白垩世地层中，发现了一种奇异的鳄鱼，它的头骨短而宽，吻部很短，包括牙齿在内的许多构造与一类叫做甲龙的恐龙相似。这种奇特的趋同演化现象令人惊奇不已。

一般来说，人们印象中的鳄鱼总是冷酷无情和凶残成性，其实这是一种误解。回顾鳄鱼的演化史，不仅有像帝王鳄和恐鳄这样凶残的肉食者，还有许多温顺的植食性鳄鱼。我国湖北1.1亿年前生存的一种鳄鱼，就是以植物为食的。除此之外，在世界其他地方也发现过一些植食性鳄鱼，包括我们上文提到的马达加斯加的奇异鳄鱼。大多数鳄鱼不会主动进攻人类，尤其是产于我国长江中下游，也是惟一生存于温带的现生鳄鱼——扬子鳄，性情非常温和。

鳄鱼这种冷血爬行动物也有温柔的一面。所谓“虎毒不食子”，“食人鳄”尼罗鳄抚育后代的情景正是这样。母鳄在小鳄出壳后，会把所有的小鳄放在自己嘴里，带它们去水中玩耍和觅食。平时，尼罗鳄的血盆大口是屠杀包括水牛这样的大动物的凶器，这时却变成了小鳄温馨的“摇篮”，这就是生物构造的多功能性的极端表现。

发生于6500万年前的生物大灭绝事件，无情地淘汰了中生代陆上霸主——恐龙，却没能消灭顽强的鳄鱼。最近的科学调查表明，现生的20多种鳄鱼中，已有16种濒临灭绝，原因非常简单：鳄鱼的机体能够抗过6500万年前的大灾难，能够适应多变的环境达2亿多年，却不能抵御来自人类的威胁。

中生代的海底恐龙

一直以来，在海洋中兴风作浪、吞噬船只的庞然怪兽不断在影片、小说以及传言里出现，但事实上，没有人亲眼见证这些怪兽的存在，生活于中生代的巨型海生爬行动物远比好莱坞构想出来的任何怪兽都吓人，科学家通过远古化石为我们复原出了一副副生活在中生代水域里的巨型海洋怪兽。

2亿多年前的三叠纪，中生代的霸主恐龙刚刚在陆地上诞生之前，那时候称霸地球海洋的已经是形形色色的海生爬行动物了。史前海洋中的爬行动物与现在的不同，不仅种类更为丰富，而且体形巨大，形状怪异。18 世纪西方的博物学家首次发现这些“巨兽化石”时，将其称为“海怪”，并做出各种各样古怪的复原。此后，海生爬行动物的化石始终是古生物学中的热点，并强烈地激发了公众的好奇心。

神话传说中的海怪

什么是海生爬行动物呢？顾名思义，就是生活在海洋中的爬行动物。它们能在咸水环境中生长、觅食，不经常进入淡水环境，但它们不一定在海洋中繁殖后代。现代海洋中仅有海龟、海蛇及几种咸水鳄等少量爬行动物，而在中生代的海洋中则有鱼龙、蜡龙、海龙、沧龙等大名鼎鼎的动物，其中最富盛名的是鱼龙和蛇颈龙。

广角镜

蛇颈龙

蛇颈龙是海中爬行类的一种，海中爬行类包括了海洋鳄鱼和鱼龙。它们由陆上生物演化而来，再回到海洋中生活。这些中形的爬行类活在三叠纪到白垩纪晚期。它们必须生活在乾净的水域中，主要以食用鱼类维生。化石证实它们较常出现在海洋环境中，除了鹦鹉螺之外也吃鱼类。

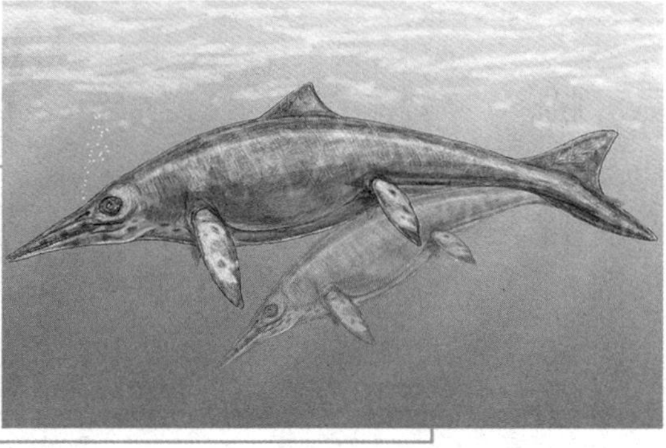

传说中的鱼龙

鱼龙是一类高度适应水生生活的已经灭绝的爬行动物，它有着流线型的体形和桨状的四肢，与海豚外形有些相似。居维叶曾说，鱼龙具有海豚的吻部、鳄鱼的牙齿、蜥蜴的头和胸骨、鲸的四肢和鱼的脊椎。鱼龙嘴巴长而尖，上下颌长着锥状的牙齿，整个的头骨看上去像一个三角形。头两侧有一对大而圆的眼睛，眼睛直径最大可达 30 厘米，而现生脊椎动物中最大的眼睛是蓝鲸的眼睛，直径也才 15 厘米。因此鱼龙可以在光线暗淡的夜间或深海里追捕乌贼、鱼类等猎物。科学家估计，鱼龙可以下潜到海洋中 500 米的地方。鱼龙椎体如碟状，两边微凹，一条脊椎骨好像一串碟子被串在一条绳索上，尾椎狭长而扁平。

传说中的蛇颈龙复原图

绝大多数爬行动物是卵生，把蛋下在沙子或窝里。鱼龙已经非常特化，没法上陆地下蛋了，那么它是如何繁殖的呢？直接把蛋产在水里吗？开始人们不知道答案，后来在德国南部的霍斯马登附近发现了肚子里有胚胎的鱼龙化石，人们才了解到鱼龙原来能够直接下幼仔。在我国安徽早三叠世发现的鱼龙，是已知时代最早的鱼龙之一。我国科学家在珠穆朗玛峰海拔 4800 米的地方，发现了三叠纪（2 亿多年前）的鱼龙化石，是迄今为止海拔最高的脊椎动物化石。这足以证明当时那里还是一片汪洋大海，后来却抬升成了现在的世界屋脊。

基本小知识

胚胎

胚胎是专指有性生殖而言，是指雄性生殖细胞和雌性生殖细胞结合成为合子之后，经过多次细胞分裂和细胞分化后形成的有发育成生物成体的能力的雏体。一般来说，卵子在受精后的 2 周内称孕卵或受精卵；受精后的第 3 ~ 8 周称为胚胎。

蛇颈龙和上龙是相当成功的爬行动物，曾经广泛分布在侏罗纪和白垩纪的海洋中。蛇颈龙身体宽扁，配上长长的脖子，小小的脑袋，就像一只海龟的头装在长蛇身上似的。蛇颈龙脖子可达身体的一半长，体长可达 10 多米。所谓“尼斯湖怪物”就是按照它的模样编造出来，并引起过不小的轰动。但是事实证明，蛇颈龙确实在白垩纪末就已经灭绝了。

由于从来没有发现过带胚胎的蛇颈龙或上龙化石，我们无从知道它们如何繁殖后代。这些动物的骨骼表明，它们还具有在陆地上爬行的能力，尽管这种能力十分有限；但是上龙体形巨大，对于它们来说，爬上海滩绝非易事，所以“胎生”是它们可能的一种繁殖方式。迄今为止，从未发现过上龙的蛋化石。

鱼龙在晚白垩世刚开始时就消失了，这个类群的祖先是谁？是什么原因造成了鱼龙在白垩纪中期的灭绝？现在这些问题都还没有答案，等待着人们进一步去探索。

长头龙是一种身长 10 米，体重 10 公吨的食肉动物，它正把一条波爪龙咬翻在地。古生物学家科林·麦克亨利认为，像长头龙这种大型龙类动物可算是有史以来最厉害的食肉动物之一，“没有哪个动物长着两米多的头颅，又有香蕉般大小的牙齿。”这两种爬行动物在大约 1.1 亿～9800 万年以前，游戈在今天的澳大利亚地区的海域。

凭借满嘴林立的牙齿，巨头幻龙不愧为杀手中的高手。它身长 4 米，是最古老的海生爬行动物之一。约 2.3 亿年以前，它所出没的海域覆盖了今天欧亚大陆的大部分地区。

一头绰号为“哥斯拉”的安第斯达科龙享用一条鱼龙尸体的同时，还不忘警告周围的翼龙这顿美餐已经有主了。安第斯达科龙和现代鳄鱼是远亲，它没有脚，长着鳍状肢，还有像舵一样的尾巴，以及一个形似食肉恐龙的脑袋。

海中龙悄悄地凑近一群弓黑鱼，长脖子（长 6 米，大约占身体长度的一半）露出水面，却将笨重的身躯隐藏在后面阴暗的水中。这是尼斯湖水怪的经典造型。海中龙是蛇颈龙的一种，天生擅长于潜行，而不以速度见长。它把石头吞入胃中，石头具有船上的压舱物作用，同时还能帮助消化。它长着四条鳍状肢，每条都有人那么大，这让它能够在大洋中遨游。它在覆盖着今天美国可罗拉多州的海域中遨游，伺机痛下杀手……

在今天德国境内一个浅浅的咸水湖湖底，有一条无齿龙正在顺流漂浮，在千千万万奇怪的古代海洋生物中，无齿龙的古怪可以说少有能出其右的了。尽管看上去像是海龟的蝠鲼杂交出来的后代，无齿龙跟它们可没有一点关系。“无齿龙化石是最怪异的化石之一。”无齿龙身体的宽度大于长度，背着一个骨质外壳，是一种古老的海生物爬行动物类别盾齿龙中的一员。它可以用扁平的牙齿咬碎生活在海底的贝类，并以它为食。

种种这些都有可能是海怪的原型，但我们至今仍无从查证，它像是一个未解的谜团，等待着人类去揭开它的神秘面纱。

恐龙大地

中生代的陆地是恐龙称霸的大地。对许多人来说，一提到恐龙，脑中就会涌现出那些长着小脑袋、长脖子和粗壮四肢的古代庞然大物。在遥远的中生代，地球上确实四处漫游着许多身体无比巨大的恐龙，尤其是蜥脚类恐龙，像发现于美国的梁龙和产自我国的马门溪龙，它们的体长都达到了20多米。不过，这还不算是最大的恐龙。19世纪的时候，科学家们在美国发现了一些恐龙的脊椎骨残片，他们据此推测这种恐龙的大小，得出一个惊人的结论：这种恐龙体长约40～60米，体重有100～150吨，堪称超级“巨人”。

侏罗纪公园模拟图

> 趣味点击
>
> **伤齿龙**
>
> 伤齿龙最初是因为它尖锐的牙齿而得名。刚开始人们首先认为它是一种蜥蜴，然后又把它当作一种长相呆笨的恐龙，后来把它的骨骼组合起来之后，才发现以前的认识和理解几乎全是错误的。就身体和大脑的比例来看，伤齿龙的大脑是恐龙中最大的，而且它的感觉器官非常发达，因而被认为是最聪明的恐龙。

恐龙世界除了“巨人”之外，还有许多“侏儒”。许多种恐龙大小只有1米左右，像发现于德国的肉食性美颌龙和我国的以植物为食的热河龙。科学家们最近又发现了更小的恐龙——小盗龙。它的头只有 4 厘米长，满嘴芝麻大小的牙齿，身体全长也不过 40 厘米左右。

顾氏小盗龙复原图

看着巨型恐龙那小小的头颅，臃肿的身体，许多人猜测恐龙一定非常愚笨。巨型蜥脚类恐龙的智力确实比较低下，这可以从它们脑颅相对身体的大小推断出。不过，科学家们发现一些小型的兽脚类恐龙有很高的"智商"。有人研究了一种叫伤齿龙的小型猎食龙的智力水平，发现这种恐龙非常聪明，并以此推测如果恐龙没有在 6500 万年前灭绝的话，可能会进化成一种叫做"恐人"的高智商动物。当然，从科学的角度讲，这种假说是不成立的。有些小型恐龙虽然很聪明，也只是相对而言。它们的智力水平还没有超过鸟类，更不用说人类了。

镰刀龙有着一副非常奇怪的长相：它的头像食草动物，可是前肢又像凶猛的食肉动物，长有弯曲尖锐的大爪子，它的肚子臃肿而大，脚则又宽又短，堪称恐龙世界中的"四不像"。其实，尽管它的外形奇特，但它和小巧的鸟类还有着很近的亲缘关系。我国辽西发现的一种名叫北票龙的镰刀龙，身体上长着和鸟类羽毛相似的结构。

龟型镰刀龙

翼龙被誉为征服蓝天的"空中霸主"。它是恐龙的近亲，生活在同一时代，是飞向蓝天的爬行动物，有时也被误认为是"会飞的恐龙"。翼龙起源于约 2.15 亿年前的晚三叠世，灭绝于 6500 万年前的白垩纪末期。当恐龙称霸陆地时，翼龙却控制着天空。翼龙是一类非常特殊的爬行动物，具有独特的骨骼构造特征。翼龙并不能像鸟类那样自由地、长距离地翱翔于蓝天，只能在它的生活环境附近，如海边、湖边的岩石或树林中滑翔，有时也在水面上盘旋。翼龙比鸟类早了约7000万年飞向天空，大约在三叠纪晚期就开始适应空中生活，在地球上成功地生存了1.5亿年。翼龙为了适应飞翔的需要，具有许多类似鸟类的骨骼特征，如头骨多孔，骨骼中空轻巧，胸骨及其龙骨突发达等等。

知识小链接

龙骨突

绝大多数鸟类的胸骨腹侧正中具有1块纵突起，因像船底的龙骨故称为龙骨突。常见于善飞的鸟类，供动翼肌的附着用；丧失飞翔能力的鸟类，龙骨突不发达或退化。会飞的鸟借助龙骨及胸肌可以最大限度地发挥飞翔能力；而不会飞的禽类只是把它作为骨胳支架的一部分而已，并没有鸟那种巨大作用。

趣味点击

翼龙

翼龙是飞行爬行动物演化支。它们生存于晚三迭纪到白垩纪末，约2亿2800万年前到6500万年前。翼龙类是第一种飞行的脊椎动物。它们的翼是由皮肤、肌肉、与其它软组织构成的膜，膜从胸部延展到极长的第四手指上。较早的物种有长而布满牙齿的颚部，以及长尾巴；较晚的物种有大幅缩短的尾巴，而且缺乏牙齿。翼龙类的体型有非常大的差距，从小如鸟类的森林翼龙，到地球上曾出现的最大型生物，例如风神翼龙与哈特兹哥翼龙。

翼龙类属于爬行动物，然而它很可能是温血动物。20世纪初，英国古生物学者曾推测，翼龙具备快速运动的能力，像蝙蝠一样，体上有毛，并有与鸟类相似的生活习性，是体温恒定的温血动物。后来在德国发现的喙嘴龙化石上，找到了毛的印痕。1970年，在哈萨克斯坦发现了一件比较完整的带有“毛”的翼龙化石，英国古生物学家通过对这件标本毛状物和翼膜结构的研究，认为它无疑属于温血动物。翼龙身体上的这些“毛”隔热保温，防止体内热量的散失，具有调节体温的作用。另一个证据来自于翼龙的骨骼，它们像鸟一样有一些用于调节体温的小气囊。最近，我国辽西带“毛”的热河翼龙的发现，进一步佐证了至少部分小型的翼龙类为温血动物。越来越多的化石证据表明，一些翼龙为了适应飞行的需要，经具有内热和体温恒定的生理机制、较高的新陈代谢水平、发达的神经系统以及高效率的循环和呼吸系统，成为一类最不像爬行动物的爬行动物。翼龙常生活在湖泊、浅海的上空。一些翼龙具有脚蹼，可以从天空中发现飞行的昆虫以及水中游动的鱼、虾等小型水生动物，并且迅速出击，准确地捕食它们。

其实，还有一些恐龙并非像导演斯皮尔伯格在电影《侏罗纪公园》中塑造的那么“冷酷”，它们浑身长着羽毛，有一副温柔的形象，这似乎不像恐龙，而像我们所认识的鸟类。因为羽毛是鸟类特有的，有羽毛的动物必然是鸟，这几乎是不用思考的常识。然而，在遥远的中生代，地球上确实生存着一批长着羽毛的恐龙。带羽毛恐龙化石的发现始于 1996 年 9 月。当时有人发现了一种奇特的动物化石：它个体大小类似家鸡，头很大，满嘴长着带有小锯齿的尖锐牙齿，前肢非常短，尾巴却出奇地长；在这个动物的背部，从头到尾长着毛状的结构。这种被命名为“中华龙鸟”的动物就是世界上发现的第一种长着原始羽毛的恐龙。

1999 年 5 月，科学家们报道了一种叫北票龙的动物，这是继中华龙鸟以后发现的第二种保存毛状皮肤结构的恐龙。它的发现表明，这种毛状结构确实属于原始羽毛。不仅如此，科学家们推测包括霸王龙在内的许多恐龙，可能已经不再像冷血的爬行动物那样长着鳞片，而是体披着这种原始羽毛，更像美丽的鸟类。

发现于辽西的另外一种有趣的动物是尾羽龙，是一种尾巴上长着羽毛的恐龙。其实，尾羽龙不仅尾巴上长着长长的羽毛，在它的前肢上也长着长长的羽毛。更让人们感到惊讶的是，这些羽毛的样子，几乎和鸟类的羽毛一模一样。尾羽龙的头短而高，脖子长，尾巴短，长长的后腿表明它是一种奔跑速度很快的动物。尾羽龙的发现让科学家们相信，有些恐龙已经长出了真正的羽毛，尽管它们并不能像鸟类那样飞行。

当然，恐龙当中最有名的还要属霸王龙。它是恐龙世界中的“老大”，有关它的争议也最多。有人认为它徒有虚名，根本就不会主动猎取食物，而是依赖吃腐尸为生；有人则推测它非常凶残，牙齿上可能还有剧毒；有人猜想它行动很缓慢，也有人认为它的奔跑速度很快。在分类上，有人把它和侏罗纪时繁盛的大型肉食龙放在一起。多数人却认为，它和白垩纪时繁盛的小型肉食类恐龙亲缘关系近。不管怎么样，霸王龙是当之无愧的陆地霸王。

霸王龙

鸟臀类恐龙是恐龙家族的另外一个支系。这一家族包括我们熟悉的鸭嘴龙、三角龙、剑龙和甲龙。顾名思义，鸟臀类恐龙应该有一个像鸟类一样的臀部（科学术语应该叫腰带骨骼），那么它们是不是和鸟类有什么亲缘关系呢？其实，它们和鸟类没有关系，而且其腰带虽然外形上和鸟类相似，但解剖结构上却不同。

基本小知识

刚毛

刚毛是哺乳类动物的硬毛，以及其他动物体上所生的硬的毛状物。前者，例如猪身上的毛；后者如多毛类附肢上的毛、寡毛类体节上的毛、昆虫类腹部的毛等。

和蜥臀类恐龙一样，鸟臀类恐龙也是形态各异，大小不一的。在我国发现的山东龙的站立高度超过 9 米，是鸟臀类恐龙当中的“巨人”，而一件被命名为辽宁龙的恐龙标本，全长不超过 40 厘米；剑龙身体的背部，有两排粗大的甲板；最近，我国辽宁发现的一种鹦鹉嘴龙的尾巴上则长着像长长的刚毛那样的结构。它们都是鸟臀类恐龙。

恐龙的奇特不仅表现在外形上，还体现在生理上。科学家们发现，恐龙可能是温血动物。我们知道，恐龙在分类上被归入爬行动物纲，应该是冷血动物，但一些科学家发现，恐龙的生长速率远远高于其他爬行动物，接近温血动物的水平。还有的科学家发现，一些大型恐龙能够生活在寒冷的极地，这些发现都为恐龙是温血动物提供了证据。从目前的证据来看，恐龙可能是一类介于冷血动物和温血动物之间的过渡性动物，代表着生物演化史中的一个重要“缺失环节”。

沉睡亿年的恐龙“公墓”

◎自贡恐龙博物馆

恐龙是早已灭绝的古爬行动物，包括蜥臀目（类）和鸟臀目（类）两大类别。它们被保存于中生代地层中的遗体和遗迹化石，是我们今天研究生物进化，特别是研究恐龙自身的发生、发展和规律的实物资料。同时，也是地层研究中用以对比划分中生代地层的重要化石佐证。

我国是世界上盛产恐龙化石的国家之一，四川盆地则是我国侏罗纪恐龙化石的重要产地。在盆地内产恐龙化石的几十个县、市中，自贡市产出和恐龙化石最为丰富。自贡地处四川盆地南部，中生代侏罗纪陆相地层沉积连续，层序清楚，分布广泛。产恐龙化石点不仅遍布全市四区两县，而且连续地分布于侏罗纪各个时期的地层之中。产出的化石数量丰富，门类众多；保存完好，埋藏集中。自贡已成为发掘研究侏罗纪恐龙化石最理想的地区。在自贡众多的恐龙化石产地中，伍家坝和大山铺已成为驰名中外的侏罗纪恐龙化石的重要产地。尤其是大山铺，因其埋藏面积大，化石密集，门类丰富，保存完好而被誉为举世罕见的恐龙“公墓”，世界恐龙发掘研究史是近20年来的最大收获。

恐龙在自贡这块土地上沉睡了上亿年，至到1915年被美国加利福尼亚大学的地质学家乔

广角镜

侏罗纪

侏罗纪是一个地质时代，界于三叠纪和白垩纪之间，约1亿9960万年前到1亿4550万年前。侏罗纪是中生代的第二个纪，开始于三叠纪－侏罗纪灭绝事件。虽然这段时间的岩石标志非常明显和清晰，其开始和结束的准确时间却如同其它古远的地质时代，无法非常精确地被确定。侏罗纪的名称取自于德国、法国、瑞士边界的侏罗山。超级陆块盘古大陆此时真正开始分裂，大陆地壳上的缝生成了大西洋，非洲开始从南美洲裂开，而印度则准备移向亚洲。

治·D·劳德伯博士发现。劳氏的发现，引起了中外地质古生物工作者的浓厚兴趣。我国著名的古脊椎动物学家杨钟健教授为不使恐龙标本大量外流，于1934年入川考察，在距荣县东约1千米的西瓜山发现了著名的的"荣县峨眉龙"。它的发现与研究，不仅扭转了中国恐龙长期由外国人采集研究的局面，也证明了在自贡这块土地上蕴藏着丰富的古脊椎动物化石，是研究我国侏罗纪恐龙最理想的地区。大山铺恐龙"公墓"自发现到被揭开经历了10余年。1972年，地质工程师黄建国和同事漫步在大山铺北面的公路上时发现了大山铺恐龙化石，但当时正值文革，发掘工作没有开展下去。1979年古脊椎研究所的董枝明为完成中英联合发掘恐龙化石的考察选点任务，带队入川考察。他们同市盐业历史博物馆的同志商量之后，调查了大山铺化石点。于是，罕见的恐龙"公墓"就这样发掘出来。它形成于1.6亿年前的中侏罗世。种类和数量非常丰富，几乎各种类恐龙（蜥蜴类、肉食龙类、鸟肢类和剑龙类）都有保存完整的骨架（其中包括完整的头骨）。除了恐龙外，还有大量其他脊椎动物化石共生在一起，这是极其难能可贵的。

自贡恐龙博物馆中的恐龙化石

从揭开大山铺恐龙"公墓"的"顶盖"到恐龙博物馆的兴建，其间共经历了六次较大的清理发掘工作，历时4年零6个月。它是一个举世罕见的以恐龙为主的古脊动物群体埋藏地。

北京、重庆、成都、自贡4个地方的科研发掘队伍，在不足3000平方米的范围内，共发掘清理出上百吨化石，包括100多个恐龙个体及其共生的脊椎动物化石。其中，完整和比较完整的各类恐龙骨架30多具，珍贵的各类型双行折完好头骨10多个，其中，绝大多数被自贡恐龙博物馆收藏。

◎ 坚硬的石头——恐龙蛋

探究恐龙蛋的形成，简单地讲，就是恐龙蛋被掩埋以后，蛋身逐渐地被周围的物质代替但是形状却不变，形成需要的时间很长。生物变成化石的条件一般为以下几种：虽然一个生物是否能形成化石取决于许多因素，但是有3个因素是基本的：

（1）有机物必须拥有坚硬部分，如壳、骨、牙或木质组织。然而，在非常有利的条件下，即使是非常脆弱的生物，如昆虫或水母也能够变成化石。

（2）生物在死后必须立即避免被毁灭。如果一个生物的身体部分被压碎、腐烂或严重风化，这就可能改变或取消该种生物变成化石的可能性。

趣味点击　风化

俗语中的“风化”：一般指隐晦的社会公德和旧习俗，往往涉及性话题。如：这种做法有伤风化。还指风俗、神会工地规范，还有化学名词中的风化是指在室温和干燥空气里，结晶水合物。失去结晶水的现象等等。

（3）生物必须被某种能阻碍分解的物质迅速地埋藏起来。而这种掩埋物质的类型通常取决于生物生存的环境。海生动物的遗体通常都能变成化石，这是因为海生动物死亡后沉在海底，被软泥覆盖。软泥在后来的地质时代中则变成页岩或石灰岩。较细粒的沉积物不易损坏生物的遗体。在德国的侏罗纪的某些细粒沉积岩中，很好地保存了诸如鸟、昆虫、水母这样一些脆弱的生物的化石。

南阳地区西峡盆地的地层中含有丰富的恐龙蛋化石已驰名中外，它的发现被称为震惊世界的重大发现。西峡盆地是我国迄今发现的年代最早的恐龙蛋化石地，时代大约为中生代白垩纪早期，距今1亿年左右。从现场观察，化石埋藏层倾角约50度，这可能是受新构造运动的影响所致，估计与我国的喜马拉雅山、欧洲的阿尔卑斯山脉同期隆起，这对于新构造山运动的研究可谓不可多得的材料。

我国是世界上恐蛋化石埋藏异常丰富的国家，到目前为止，已有14个省份发现了恐龙蛋化石，其中以山东莱阳、广东南雄盆的恐龙蛋化石在国际上影响较大，而此次发现比上述地区更具有时代早、数量多、结构原始等特点。据专家介绍，中生代的恐龙蛋化石是一种很稀有但又很特殊的化石，虽然在亚、非、欧、北美等其他地区均有出现，但远远不能与河南相比，省文物研究所已将其分为4科、8属、12个种。

恐龙蛋化石

大量的恐龙蛋化石群的出现，为研究地球发展史、地球上动植物的演化和生态环境以及地球灾变等理论提供了极其珍贵的资料。尤其是大量的恐龙蛋未及孵化而变成了化石，说明当时地壳有一次沉降运动，气候发生了巨大的变化，很可能从此恐龙绝了后代。因此这些恐龙蛋化石的发现具有划时代的意义。

探究恐龙大灭绝

一颗耀眼的星体从天际缓缓地进入大气层，大气摩擦使得这颗星体四分五裂，分散出无数的小碎块，这些碎块像流星一样划过天空，落向大地，就像绽放的礼花，然而，星体没有完全分裂成小块，其中的主体仍然具有山峦般的体积，它冲向大地，无与伦比的撞击力立即在地球上引发了巨大的爆炸，滚滚的浓烟、弥漫大气的尘埃和排山移石的海啸一并涌来。顿时，无数的生命被摧毁，生机勃勃的自然界不复存在。这就是基于阿尔瓦雷斯父子在20世纪80年代提出的恐龙灭绝撞击说复原的景象。

支持小行星撞击说的科学家们推断，这次撞击相当于人类历史上发生过最强烈地震的100万倍，爆炸的能量相当于地球上核武器总量爆炸的1万倍，导致了2.1万立方千米的物质进入了大气中。由于大气中高密度的尘埃，太阳光不能照射到地球上，导致地球表面温度迅速降低。没有了阳光，植物逐渐枯萎死亡；没有了植物，植食性的恐龙也饥饿而死；没有了植食性的动物，肉食性的恐龙也失去了食物来源，它们在绝望和相互残杀中慢慢地消亡。几

乎所有的大型陆生动物都没能幸免于难，在寒冷和饥饿中绝望地死去。小型的陆生动物，像一些哺乳动物依靠残余的食物勉强为生，终于熬过了最艰难的时日，等到了古近纪陆生脊椎动物的再次大繁荣。

知识小链接

核武器

利用能自持进行核裂变或聚变反应释放的能量，产生爆炸作用，并具有大规模杀伤破坏效应的武器的总称。其中主要利用铀 235（U－235）或钚 239（239Pu）等重原子核的裂变链式反应原理制成的裂变武器，通常称为原子弹；主要利用重氢（D，氘或超重氢等轻原子核的热核反应原理制成的热核武器或聚变武器，通常称为氢弹。

撞击假说的支持者发现了许多有力的证据，来证明他们的观点。最有力的证据来自在 K/T（白垩纪和古近纪）地质界线上发现的铱异常和冲击石英。科学家们推测，这种高含量的铱元素就是那颗撞击地球的小行星带来的，冲击石英就是在撞击过程中形成的。

美国人查特吉大约 10 年前，提出了一种类似的假说。他认为，在白垩纪末期撞击地球的凶手不是一颗小行星或者陨石，而是彗星雨。大量的彗星雨撞击到地球上，形成一个环绕地球一周的撞击带，其中有 2 块巨大的彗星体成为了恐龙大灭绝的“主犯”：一块形成了我们熟知的墨西哥湾附近的巨大陨石坑，另外一块撞击到现在的印度大陆上，形成的陨石坑比墨西哥湾的陨石坑还大。

拓展阅读

陨石

陨石是地球以外未燃尽的宇宙流星脱离原有运行轨道或成碎块散落到地球或其它行星表面的、石质的，铁质的或是石铁混合物质，也称“陨星”。大多数陨石来自小行星带，小部分来自月球和火星。

除了陨石碰撞说外，关于恐龙灭亡还有一切其他说法。

◎造山运动说

在白垩纪末期发生的造山运动使得沼泽干涸，许多以沼泽为家的恐龙就无法再生活下去。因为气候变化，植物也改变了，食草性的恐龙不能适应新的食物，而相继灭绝。草食性恐龙灭绝，肉食性恐龙也失去了依持，结果也灭绝了。此一灭绝过程，持续了1000万~2000万年。到了白垩纪末期，终至在地球上绝迹。

◎气候变动说

由于板块移动的结果，海流产生改变，更引起气候巨幅的改变。严寒的气候使植物死亡，恐龙缺乏食物而导致了灭亡。

◎火山喷发说

因为火山的爆发，二氧化碳大量喷出，造成地球急激的温室效应，使得食物死亡。而且，火山喷火使得盐素大量释出，臭氧层破裂，有害的紫外线照射地球表面，造成生物灭亡。

◎海洋潮退说

根据巴克的说法，海洋潮退，陆地接壤时，生物彼此相接触，因而造成某种类的生物绝种。例如袋鼠，袋鼠能在欧洲这种岛屿大陆上生存，但在南美大陆上遇见别种动物就宣告灭亡。

除了这种吃与被吃的关系以外，还有疾病与寄生虫等的传染问题。

广角镜

温室效应

温室效应又称“花房效应”，是大气保温效应的俗称。大气能使太阳短波辐射到达地面，但地表向外放出的长波热辐射线却被大气吸收，这样就使地表与低层大气温度增高，因其作用类似于栽培农作物的温室，故名温室效应。自工业革命以来，人类向大气中排入的二氧化碳等吸热性强的温室气体逐年增加，大气的温室效应也随之增强，已引起全球气候变暖等一系列严重问题，引起了全世界各国的关注。

◎ 温血动物说

有些人认为恐龙是温血性动物，因此可能禁不起白垩纪晚期的寒冷天候而导致无法存活。因为即使恐龙是温血性，体温仍然不高，可能和现生树獭的体温差不多，而要维持这样的体温，也只能生存在热带气候区。同时恐龙的呼吸器官并不完善，不能充分补给氧，而它们又没有厚毛避免体温丧失，却容易从其长尾和长脚上丧失大量热量。温血动物和冷血动物不一样的地方，就是如果体温降到一定的范围之下，就要消耗体能以提高体温，身体也就很快地变得虚弱。它们过于庞大的体躯，不能进入洞中避寒，所以如果寒冷的日子持续几天，可能就会因为耗尽体力而遭到冻死的命运。

有害气体致使恐龙灭亡

◎ 自相残杀说

有人认为造成恐龙灭绝的真正原因是因为它们自相残杀的结果——肉食性恐龙以草食恐龙为食，肉食恐龙增加，草食恐龙自然越来越少，最后终于消失，肉食恐龙因无肉可食，就自相残杀，最后终于同归于尽。

◎ 物种的老化说

认为恐龙由于繁荣期间长达 1 亿数千万年，使得肉体过于巨体化。而且，角和其他骨骼也出现异常发达的现象，因此在生活上产生极大的不便，终于导致绝种。恐龙中最具代表性的雷龙，体长 25 米，体重达 30 吨，由于体型过于庞大，使动作迟钝而丧失了生活能力。另外，三角龙等则因不断巨大化的三只角以及保护头部的骨骼等部位异常发达，反而走向自灭之途。

◎ 生物碱学说

这种学说认为恐龙所生存的最后时期——亦即白垩纪，开始出现显花植物，其中某些种类含有有毒的生物碱，恐龙因大量摄食，引起中毒而死亡。因为，哺乳类能够藉味觉和嗅觉来分辨有毒的植物，但是恐龙却没有这种能力。不过，含有生物碱的植物并非突然出现于白垩纪后期，在恐龙绝种的500万年前已经可以见到。此学说未说明何以恐龙在这段期间内仍能生存。

知识小链接

生物碱

生物碱是存在于自然界中的一类含氮的碱性有机化合物，有似碱的性质，所以过去又称为赝碱。大多数有复杂的环状结构，氮素多包含在环内，有显著的生物活性，是中草药中重要的有效成分之一。具有光学活性。有些不含碱性而来源于植物的含氮有机化合物，有明显的生物活性，故仍包括在生物碱的范围内。而有些来源于天然的含氮有机化合物，如某些维生素、氨基酸、肽类，习惯上又不属于"生物碱"。

最近，科学家们研究了我国南雄地区白垩纪末期的恐龙蛋化石。他们发现这一时期的恐龙蛋壳中，包括铱在内的许多种元素的含量很异常，而且蛋壳的本身结构也不正常。他们推测，在白垩纪末期至古新世早期，印度德干火山的爆发造成天空弥漫着火山灰和有毒气体，环境被污染了，气候变恶劣了。恶劣的环境，尤其是被污染的食物对恐龙的生理产生负作用，影响了恐龙的繁殖，最终导致了恐龙灭绝。非常有趣的是，他们发现恐龙的大灭绝，不是突然之间完成的，而是持续了相当长的时间，甚至延续到了古新世。

争论归争论，我们必须承认的是，在6500万年前地球上发生的一切，可能并不是单纯的一声巨响，它可能要比我们想象的更为复杂。很多科学家认为，白垩纪末期恐龙大灭绝的原因可能是多样的：有地外因素，也有地内因素；有环境因素，可能也有恐龙本身的生理原因。恐龙的大灭绝是一个复杂的事件，科学家们还需要走很长的路，来揭示这一远古之谜。

天高任“鸟”飞

POJIE SHENGMING DE AOMI

鸟类是脊椎动物进化主干上的一个侧支，这个侧支从爬行动物时代就开始分化了。虽然距今已年代久远，但因它们的活动领域——天空环境稳定，它们筑巢又在不易遭受侵犯的高枝或峭壁之上，相对比较安全，所以生存到了现代。鸟类也是大自然中飞翔的精灵，它们不仅为维护大自然的生态平衡起作用，而且也为人类生活带来了无穷的乐趣。这一章为我们展示了一个争奇斗艳、精彩纷呈的鸟类世界。

鸡是鸟吗

实验表明，人们在回答“鸡是鸟吗?”比回答“麻雀是鸟吗?”的时间要更长些。为什么会出现这种情况呢?心理学家认为，这是因为人们往往把“会飞”作为鸟的特性。尽管有些鸟（如鸡、企鹅、鸵鸟等）不会飞，而且“会飞”也不只是鸟的特性。因为许多昆虫也会飞，可是由于绝大多数鸟会飞，“会飞”特性就成了鸟这一概念的典型特征。由于麻雀会飞，相对于鸡来说，是更典型的鸟，因而人们可以不加思索地回答“麻雀是鸟吗?”这一问题。

鸡

趣味点击

蜂鸟

蜂鸟是雨燕目蜂鸟科动物约 600 种的统称，是世界上已知最小的鸟类。蜂鸟身体很小，能够通过快速拍打翅膀悬停在空中，每秒约 15 次到 80 次，它的快慢取决于蜂鸟的大小。蜂鸟因拍打翅膀的嗡嗡声而得名。蜂鸟是唯一可以向后飞行的鸟。蜂鸟也可以在空中悬停以及向左和向右飞。

鸟类属于脊椎动物中的鸟纲，都是由爬行动物演化而来的，是高等脊椎动物中，适应于飞行而特化了的一支。我国现有的鸟类计有 1186 种，约占世界鸟类总数的 14% 共有 21 目 81 科。

鸟的主要特征是：身体呈流线型，大多数飞翔生活。体表被覆羽毛，一般前肢变成翼（有的种类翼退化）；胸肌发达；直肠短，食量大消化快，即消化系统发达，有助于减轻体重，利于飞行；心脏有两心房和两心室，心搏次数快。体温恒定。呼吸器官除具肺外，还有由肺壁凸出而形成的气囊，用来帮助肺进行双重呼吸。卵生。体温较高，通常为42℃。鸟类的胸骨上有发达的龙骨突，骨骼中空充气，这是鸟类适应飞行生活的骨骼结构特征。

鸟是两足、恒温、卵生的脊椎动物，身披羽毛。鸟的羽毛分为正羽（主要用于飞行）和绒羽（主要用于保温）。前肢演化成翼，有坚硬的喙（鸟的嘴）。鸟的体型大小不一，既有很小的蜂鸟也有巨大的鸵鸟和鸸鹋（产于澳洲的一种体型大而不会飞的鸟）。鸟类种类繁多，分布全球，生态多样，现在鸟类可分为三个总目。平胸总目，包括一类善走而不能飞的鸟，如鸵鸟。企鹅总目，包括一类善游泳和潜水而不能飞的鸟，如企鹅。突胸总目，包括两翼发达能飞的鸟，绝大多数鸟类属于这个总目。

归纳起来，鸟的主要特征可概括为：

（1）有角质喙，没有牙齿；

（2）身体被覆羽毛，前肢变为翼；

（3）心脏为四室；

（4）体温恒定；

（5）卵生。

鸟类祖先之谜

过去，人们一直认为，鸟类最初是由爬行动物逐步进化而成的。始祖鸟作为这一进化过程的中间阶段的产物，历来被人们当作鸟类的祖先。尽管这一进化理论似乎有一定道理，但是许多古生物专家对蜥蜴这样的爬行动物会不会真因突然变异和自然选择而变成鸟这一结论，仍多少持有怀疑的态度。于是，在学术界内，专家们针对鸟类的问题，展开了一场旷日持久的

始祖鸟复原图

争论。

在达尔文的《物种起源》一书刚刚问世的时代，人们对于鸟类最早由爬行动物进化而来的说法，无论如何也是不能理解的。后来到了1861年，在德国境内的一处石灰岩石采石场中，考古人员发现了一块奇特的生物化石。这块化石残留有翅膀，嘴里有牙齿，翅膀前端有爪，并有着像蜥蜴一样的由多节尾椎骨组成的长尾。这块被称为“始祖鸟”的化石的发现，使许多考古学家和古生物学家为之振奋不已。因为不少人坚持的“鸟类是由蜥蜴进化而来”的这一观点，在这里找到了依据。但是，在今天，这一已被人们广泛接受的观点突然失去其权威性了。因为在1986年，美国的考古学家在得克萨斯州发现了一种比始祖鸟还古老7500万年的鸟类化石。并给它定名为“原始鸟”，鸟类的祖先这一“宝座”因而将被原始鸟夺走。古生物学家指出，如果事实上是这样的话，那么鸟类是由爬行动物进化而来的这一观点也将被否定。

知识小链接

始祖鸟

始祖鸟是最早及最原始的鸟类，名字是古希腊文的“古代羽毛”或“古代翅膀”的意思，故又名古翼鸟。

关于始祖鸟的起源，英国博物馆的庞夫雷特指出，以往人们认为是鸟类祖先的某一爬行动物群体，实际上并不是蜥蜴。始祖鸟是由恐龙家庭的某一“成员”进化而来的，始祖鸟与恐龙既是“远亲”，又是“近邻”，它们都起源于槽齿类。不可否认，始祖鸟与一种被称作虚骨龙的小型恐龙，在骨骼上确有非常相似之处，因此早在上一个世纪，就有一些古生物认为，鸟类的祖先是这个群系的恐龙。

博物馆中陈列的鹦鹉嘴龙

从外貌来看，现在许多鸟儿都与恐龙相像。恐龙中有一种叫鹦鹉嘴龙，它的嘴与会学说人话的鹦鹉的嘴十分相似。鸵鸟龙的脚和鸵鸟的脚一样。也有3个脚趾头，善于走路。鸵鸟龙没有牙齿，鸵鸟也没有。鸭嘴龙的嘴活像鸭子嘴，鸭嘴龙游水也像鸭子戏水。鸟类有毛，生活在1.8亿年前的联龙也是全身长毛。鸟类的骨骼是中空的，这样可以减轻体重，便于飞翔。早期的一些恐龙的骨骼也是中空的，科学家把这种恐龙称为虚骨龙类，虚骨龙轻巧机灵，外貌和身体结构都很像鸟。

在探索鸟类起源的过程中，争论的焦点之一是锁骨问题。鸟类的左右锁骨相互粘连，是V型愈合锁骨，十分发达。而恐龙的锁骨则因退化而完全消失了。对此，持“鸟类起源于恐龙”的观点者认为，恐龙类和鸟类都来源于槽齿类，只是在后来的进化中它们的锁骨才发生了不同变化，不能凭这一点就说恐龙不是鸟类的祖先。可是，当上述观点提出来以后，有的科学家又发现了一些带有锁骨的虚骨类恐龙，经过化石分析后表明，始祖鸟与虚骨龙的骨骼有明显的共同之处，但是其中的许多特征是槽齿类生物所不具备的。这样一来，又推翻了以前关于恐龙与鸟类都起源于槽齿类的观点。

你知道吗

虚骨龙

虚骨龙又名空尾龙，是虚骨龙科下的一属，生活于晚侏罗纪的启莫里阶至提通阶，距今约1亿5000万年前。虚骨龙是种小型、二足的肉食性恐龙，身长为2.4米，体重最大可达20公斤。族群从小到大皆有，包括偷蛋龙及奔龙，一般认为鸟类起源于小型的虚骨龙。另一个理论认为暴龙为虚骨龙进化而来。

后来，当原始鸟的化石被发现以后，持有不同观点的专家学者们纷纷转移视线，试图从原始鸟的身上找回新的理论突破。古生物学家经过分析原始鸟的化石后，惊奇地发现，原始鸟与始祖鸟相比，具有许多更接近鸟类的特征。

一些科学家认为，鸟类的起源时间还要往原始鸟以前探究。原始鸟的发现，将有可能否定在此之前的鸟类起源于恐龙的观点。原始鸟化石的发现无疑为探究鸟类的起源提供了新的资料，但对于鸟类祖先究竟是谁，科学家们仍无法取得一致意见，只有发现了更古老的鸟类化石后才能作最后结论。

◎ 鸡的祖先就是恐龙

一批研究人员掌握证据，证实恐龙其实只是生长得太巨型的鸡。我们现在经常看到及用来烹成美食的鸡，它们的前身就是恐龙。

据香港《星岛日报》报道，一批科学家对恐龙骨头化石内残留的蛋白质进行研究，抽取分子进行分析，提供证据支持现在的鸟类和鸡，是从恐龙进化而成的理论。科学家一直认为，恐龙和现代鸟类的骨架十分相似，之前也发现过恐龙化石有类似羽毛的残留物。不过，科学家则是首次提出证据，证明恐龙和雀鸟在分子方面有联系。科学家把暴龙骨体化石中找到的皮胶原进行分解，利用先进的光谱仪分析其氯基酸成分，再与其他种类的生物作出比较。研究人员接着又把暴龙的分子，与鸡及鸵鸟的分子作出比较。

其中一位参与研究的哈佛大学专家阿萨拉说：“我们可以确定，暴龙与雀鸟——鸵鸟和鸡，比起我们研究的其他生物更加相近。”研究人员又说，鳄鱼和食肉的恐龙也十分相近，但推算下去，论到与恐龙的相似程度，鳄鱼又及不上雀鸟。

今次用来进行研究的皮胶原，是从一副估计已有 6800 万年历史的暴龙化石中抽取出来的。同时进行研究的还有一副 50 万年历史的古代乳齿象的化石。这些都是保存到现在、历史最久的动物化石蛋白质。

广角镜

光谱仪

光谱仪，又称分光仪。以光电倍增管等光探测器在不同波长位置，测量谱线强度的装置。其构造由一个入射狭缝，一个色散系统，一个成像系统和一个或多个出射狭缝组成。以色散元件将辐射源的电磁辐射分离出所需要的波长或波长区域，并在选定的波长上进行强度测定。分为单色仪和多色仪两种。

探秘始祖鸟化石

同许多古代生物的名字一样，始祖鸟的名字——Archaeopteryx 也来源于希腊文，“archaeo” 的意思是“古代的”，而“pteryx”则是“翅膀”的意思。所以“Archaeopteryx”直译为“古代的翅膀”，当然，应当翻译为“长着古代翅膀的生物”更合适，如古翼鸟。但始祖鸟并不是现代鸟类的始祖。

知识小链接

食腐动物

有些动物以落入土壤或水域的枯枝落叶、动物遗体或粪便为食，这种动物统称为食腐动物，在生态地位上扮演清除者（也称为分解者）。

在空中飞翔的鸟类要保存为化石很困难，这是因为鸟类为了飞上蓝天，在身体结构上发育了轻而中空的骨骼（虽然始祖鸟并不会飞）。当远古时期的一只鸟寿终正寝，长眠于地上时，它的纤细的骨骼在风吹、雨淋和日晒的打击下，会逐渐破碎解体，最后变成尘埃；即便落在阴暗的地方，也会有其他食腐动物光顾，在它们饱餐之后，原地将只余下一堆破碎的骨头。只有宁静的湖泊和沼泽，才是鸟类永久安息的理想坟墓。在古代湖边或沼泽地栖息的鸟类，在死亡之后如果恰好坠落在细腻的淤泥中，而且此后的漫长岁月中淤泥缓慢地压实，变成石头，没有被温度、压力摧毁，才最终会保留下那只鸟儿的骨骼，幸运的话，还能在岩石中留下羽毛的印痕。如此苛刻的形成条件使鸟类的完整保存成为奇迹，保存下来的每件远古鸟类化石都价值连城。而且越是古老，化石的价值就越大，始祖鸟从年代上看，确实是人们发现的最古老的鸟类，它生活在侏罗纪。因此人们在教科书中记录了这样一句话：始祖鸟是最早的鸟类。但是现在，科学家们都认为始祖鸟是恐龙。

把始祖鸟划到虚骨龙家族中，主要是因为它的羽毛。我们用肉眼观察一根羽毛时，看到的是一条中空的茎的两边伸展出排列整齐的“毛发”，似乎结构很简单。只有当我们把羽毛拿到显微镜下观察时，我们才发现，每一条细小的“毛发”上面，还有许多复杂的结构，枝叉纵横，并且有钩状物相连。

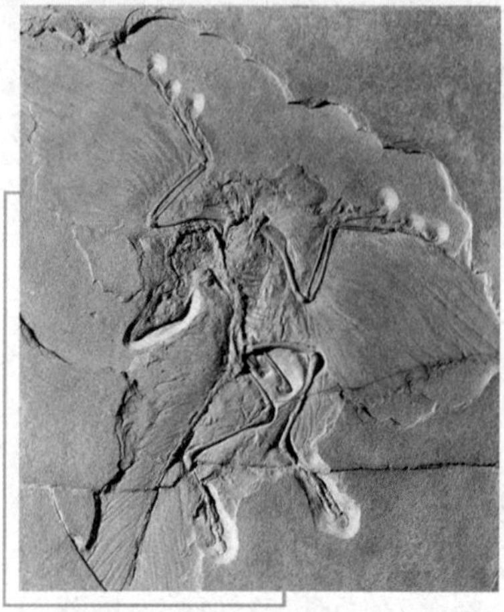
始祖鸟化石

这是鸟类、恐龙的羽毛才有的特征。所以，确定一块化石是否属于虚骨龙的，要从显微结构上看化石上是否有虚骨龙羽毛独特的细微结构。始祖鸟的羽毛展现出了这些细微的特征，因此理所当然地成为虚骨龙家族的成员。有人说它就是现代所有鸟类的老祖宗，而事实可能是：盗龙才应该获得这个名誉。

可以从始祖鸟骨骼里辨认蜥形纲具有的特征。例如：结构轻巧的头颅在颚上的凹窝里有真正的齿；胸骨很小，没有龙骨突，前肢骨骼仍保留 3 个有作用的指，而没有其他鸟类所有的退化和融合。已演化的后肢带还具有明显的恐龙特点，具有长的骨质尾。其他非特片化的鸟类特征有扁平的脊椎，腹肋条，以及下腿骨的不完全融合。

迄今为止共发现了 10 枚保存骨骼、羽毛印痕的化石标本和 1 枚单根羽毛化石标本（那根羽毛最近被认为不属于始祖鸟）。由于始祖鸟既显示了明显的爬行动物的特征又保存了精美的羽毛，140 多年来人们一直将其作为介于恐龙与鸟类之间的“中间环节”（“missinglink”）。由于始祖鸟化石稀少，加之地理分布十分局限，长期以来国际上一直围绕鸟类起源问题展开了激烈的争论，提出了各种各样的假说。

这 10 例始祖鸟化石大都是在德国的巴伐利亚州的石灰岩层中发现的，距现在已有 1.5 亿年了，这些化石被证明为始祖鸟。这些化石上有清晰的羽毛印痕，而且分为初级和次级飞羽，还有尾羽。它的前肢化成飞行的翅

你知道吗

尾椎骨

尾椎骨位于骶骨下方，即脊椎最尾端的部位，脊椎骨的最后一块，沿着脊柱一直摸下去，最后一块就是。人的尾巴退化在外部没有，但是遗留尾骨，尾骨数目不等，尾椎通常由三至四块小骨头连接而成，与骶骨构成骶、尾关节，尾骨间亦有尾间关节。

膀，后足有4个趾，都朝着前面，而不是今鸟的三前一后；锁骨愈合成叉骨，耻骨向后伸长。这些特征都与现代鸟类相似。但奇怪的是，它的嘴里长着牙齿，翅膀尖上长着3个指爪；掌骨和跖骨都是分离的，还有1条由许多节分离的尾椎骨构成的长尾巴，这些特点又和蜥形纲极为相似。经研究证明，它是蜥形纲向鸟类过渡的中间阶段的代表，所以被称为“始祖鸟”。

始祖鸟也许不能飞行，但可能在内陆海岸边的地上追逐和捕捉昆虫和爬行动物。

那么类似于始祖鸟的近鸟类动物是怎样从地栖生活转变为飞翔生活的呢?关于这个问题，有两种说法。一种认为，盗龙之类的动物在树上攀缘，逐渐过渡到短距离滑翔，进一步变为飞翔。另一种认为，原始鸟类是双足奔跑动物，靠前肢网捕小型动物为食，前肢在助跑过程中发展成翅膀。

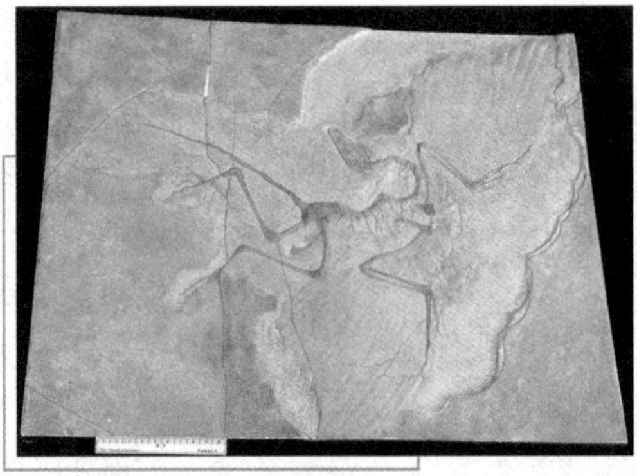

始祖鸟化石

始祖鸟虽然仅仅发现在化石里，但它为鸟类的起源于恐龙提供了证据。

随着热河生物群的发现，始祖鸟的分类地位遇到了挑战。

在热河生物群，许多有真羽毛甚至有完整羽翼的动物都被归入了恐龙类，而其中的某些种类比始祖鸟更接近鸟类，另一些则比始祖鸟更原始。但是因为古生物种类是不许改名字的，所以始祖鸟这个名称没有被触动，而它的分类地位，放在恐龙里才最合适。

远古巨鸟与世界上最小的鸟

◎远古巨鸟

能想象一只轻型飞机般大的鸟从头顶飞过吗？虽然，人们无缘看到这一奇观。但是，这样的巨鸟的确存在过。曾经出版的美国《国家科学院学报》杂志刊登研究报告说，600 万年前，今南美地区曾生活过一种名为“阿根廷巨鸟”的鸟类，它是人类已知最大的飞鸟，巨型飞鸟翼幅达 7 米。

传说中的巨鸟

此次发现是一支由美国古生物学家组成的研究小组，在阿根廷北部潘帕斯草原以及南美安第斯山脉发现阿根廷巨鸟的遗骸化石。经研究发现，阿根廷巨鸟生活在距今约 600 万年前，早于人类出现在地球上。阿根廷巨鸟重约 68 千克，翼幅达 7 米，体积近似一架轻型飞机，被认为是人类已知最大的飞鸟。阿根廷巨鸟头骨长度约为 0.6 米，喙也非常长，因而能够捕食体型庞大的猎物。古生物学家说，人们不必为阿根廷巨鸟感到担心，怕它因为太大、太沉而无法飞行。他们说，阿根廷巨鸟不仅能飞，而且飞行速度远胜于现在的某些鸟类，如安第斯秃鹰。阿根廷巨鸟平均每天能飞行约 322 千米。在合适的条件下，飞行速度可达每小时 107 千米。

为破解阿根廷巨鸟的飞行奥秘，古生物学家利用测量轻型飞机飞行数据的电脑程序来测算阿根廷巨鸟的飞行数据。研究发现，阿根廷巨鸟并非像普通鸟类依靠拍打翅膀飞行，它通常选择以山上的一处高地作为出发点，然后靠奔跑滑翔升空。相比之下，对于阿根廷巨鸟而言，在平原起飞较为困难。美国得克萨斯理工大学的桑卡尔·查特吉教授说：“它不可能站着拍拍翅膀就飞起来。它得从斜坡上奔跑下来，或者借助风力获得飞行动力，这与悬挂式滑翔机的起飞技巧相似。”查特吉教授是这项针对阿根廷巨鸟的研究报告的主要作者。不过，“一旦阿根廷巨鸟飞起来了，接下来就没什么问题。”查特吉说。起飞后，阿根廷巨鸟由于体重过沉，无法靠自身维持长时间飞行，但是它能够利用空气中上升的暖气流来获得飞行动力。阿根廷巨鸟在暖气流内随气流盘旋上升，并不断从一个暖气流进入另一个暖气流中。以此方式，阿根廷巨鸟平均每小时可飞行约 64 千米。

◎得益于得天独厚的自然环境

科学家说，阿根廷鸟能够飞翔，除了依靠自己的“聪明才智”外，还得益于它生活的地区得天独厚的自然环境。起自南大西洋的东风常年刮过潘帕斯草原，吹向安第斯东部山脉。正是这股东风为草原和山脉上方带来了上升气流。而阿根廷巨鸟正是借这些气流翱翔天际。此外，阿根廷巨鸟并非唯一懂得利用上升气流飞行的鸟类。几百万年后的今天，一些体型较大且羽翼宽大的陆地鸟类，如鹰、秃鹰、鹳之类，仍在利用同样的原理飞行。“这些鸟都是利用上升暖气流的‘专家’。它们能借助气流飞到很高的高度，还能飞过漫长距离，到达不同的国家。”

知识小链接

大西洋

大西洋是世界第二大洋，原面积 8，221 万 7 千平方公里，在南冰洋成立后，面积调整为 7，676 万 2 千平方公里，平均深度 3627 米，最深处波多黎各海沟深达 8605 米。从赤道南北分为北大西洋和南大西洋。北面连接北冰洋，南面则以南纬 66 度与南冰洋接连。

◎世界上最小的鸟

许多人都知道蜂鸟是世界上最小的鸟类，其实这种说法并不十分准确，因为全世界的蜂鸟有 315 种左右，分布于从北美洲的阿拉斯加到南美洲的麦哲伦海峡，以及其间的众多岛屿上。它们的体形差异也很大，最大的巨蜂鸟体长达 21.5 厘米，当然不能说它是世界上最小的鸟了。而产于古巴的吸蜜蜂鸟的体长只有 5.6 厘米，其中喙和尾部约占一半，体重仅 2 克左右，其大小和蜜蜂差不多，这样的蜂鸟才是世界上体形最小的鸟类，它的卵也是世界上最小的鸟卵，比一个句号大不了多少。蜂鸟的羽毛大多十分鲜艳，并且闪耀着金属的光泽。它们的飞行本领高超，可以倒退飞行，垂直起落，翅膀振动的频率很快，每秒钟可达 50 ~ 70 次。

在鸟类动物中，最小的蜂鸟体积比虻还小，体重只有 2 克，粗细不及雄蜂，卵重 0.2 克，和豌豆粒差不多。它的喙是一根细针，舌头是一根纤细的线；它的眼睛像两个闪光的黑点；它翅上的羽毛非常轻薄，好像是透明的；它的双足又短又小，不易为人察觉；它极少用足，停下来只是为了过夜；它飞翔起来持续不断，而且速度很快，发出嗡嗡的响声。它双翅的拍击非常迅捷，所以它在空中停留时不仅形状不变，而且看上去毫无动作，像直升飞机一样悬停，只见它在一朵花前一动不动地停留片刻，然后箭一般朝另一朵花飞去。它用细长的舌头探进它们怀中，

拓展阅读

彗星

彗星中文俗称“扫把星”，是太阳系中小天体之一类。由冰冻物质和尘埃组成。当它靠近太阳时即为可见。太阳的热使彗星物质蒸发，在冰核周围形成朦胧的彗发和一条稀薄物质流构成的彗尾。由于太阳风的压力，彗尾总是指向背离太阳的方向。

蜂 鸟

吮吸它们的花蜜，而且仿佛这是它舌头的唯一用途。

蜂鸟的独特性体现在它们出类拔萃的飞行本领（悬停能力尤为突出）、绚丽多彩的体羽和普遍偏小的体型。其中，圭亚那和巴西的红隐蜂鸟（Phaethornis ruber）及古巴的吸蜜蜂鸟（Mellisuga helenae）体重均不足 2 克，不仅是最小的鸟，而且也是世界上最小的温血动物。

古巴的吸蜜蜂鸟身长约 5. 6 ~6. 5 厘米，这是包含了嘴及尾羽的长度，通常嘴及尾羽的长度会占去总身长的 1/2，可见蜂鸟的体型多么娇小，这样的身材，比鸵鸟的一只眼睛还小。体型小，重量自然也轻，吸蜜蜂鸟的体重约 2. 5 克（1 钱等于 3. 75 克），这样的蜂鸟才是世界上体形最小的鸟类，它的卵也是世界上最小的鸟卵，比一个句号大不了多少。

蜂鸟的羽毛大多十分鲜艳，并且闪耀着金属的光泽。它们的飞行本领高超，可以倒退飞行，垂直起落，翅膀振动的频率很快，每秒钟可达 50 ~ 70 次，所以有“神鸟”、“彗星”、“森林女神”和“花冠”等称呼，基本上都生活在南美洲和中美洲的茂密森林中，在我国极其稀有。

不会飞的鸟——鸵鸟

鸵鸟产于非洲，是现存鸟类中体型最大的鸟。说它是鸟，其实它是一种善跑而不会飞的鸟，属鸵形目，鸵鸟科，是现在所有的鸟蛋中最大的。雄鸵鸟基本上是黑色，但翅膀和尾巴上有白色的羽毛。雌性几乎全身褐色。鸵鸟的头比较小，喙短而宽。头和大部分头颈呈微红色或蓝色。双脚，包括强壮的大腿上没有毛。褐色的大眼睛上有浓密的黑睫毛。

鸵　鸟

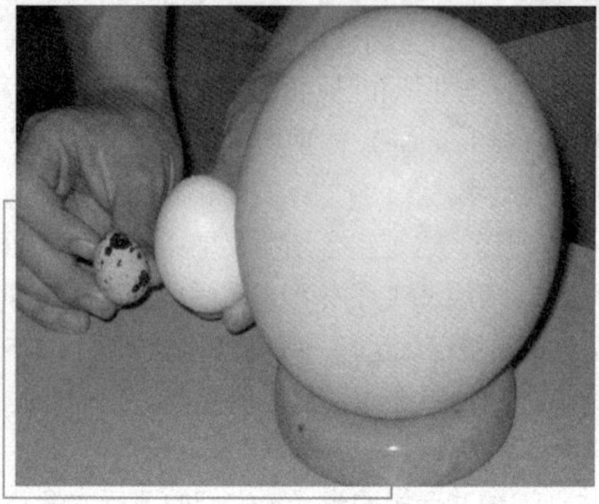
硕大的鸵鸟蛋

鸵鸟成群活动，数量大约有 5～50 只。喜欢和在草地上吃草的动物做伴。依靠强壮的双脚，它们可以逃避敌人，主要是人和大型的猛兽。鸵鸟的脚很独特，只有两个趾，大的长得像蹄一样。受惊的鸵鸟逃跑的时候，速度可以达到 65 千米/小时。被逼急了的时候，它会用脚来踢，给对方造成很大的威胁。

鸵鸟主要以食植物为生，有时也捕捉一些动物。可以很长时间不喝水照样生存。每到繁殖季节，雄鸵鸟和 3～5 只雌鸟同窝。如有外来者窥视，它会发出愤怒的吼声或嘶嘶声驱赶来犯者。它们的窝筑在地面上，一窝产 15～60 个白色的亮晶晶的蛋。晚上由雄鸟坐着看守，白天再轮到雌鸟。小鸵鸟在孵化 40 天以后出壳。再过一个月，它们就可以和成鸟一起奔跑。为了躲避危险，小鸵鸟会和成鸟一样，躺在地下隐蔽起来，只把头伸出来。这种习性后来被人误认为是鸵鸟在遇到危险时，会把头埋在沙土里。

由于种的不同，各种鸵鸟的体型、肤色和蛋的形状略有差别。上新世时期（大约 500 万年以前），鸵鸟在地球上广泛分布。在俄罗斯的南方、印度和我国的中部和北部地区，都曾发现过鸵鸟的化石。西非鸵鸟和阿拉伯鸵鸟已属濒危动物。也有人认为，产于叙利亚和阿拉伯半岛的叙利亚鸵鸟已在 1941 年灭绝。

“百鸟之王”凤凰

> **趣味点击**
>
> **火烈鸟**
>
> 火烈鸟，是鹳形目红鹳科红鹳属的一种，因全身为火红色而得名。分布于地中海沿岸，东达印度西北部，南抵非洲，亦见于西印度群岛，这种外形美丽的鸟类能够飞行，但是事先得狂奔一阵以获得起飞时所需动力。

凤凰，是中国神话传说中的神异动物和百鸟之王；亦称为朱鸟、丹鸟、火鸟、鹍鸡等，在西方神话里又叫火鸟、不死鸟，形象一般为尾巴比较长的火烈鸟，并周身是火，估计是人们对火烈鸟加以神话加工、演化而来的。神话中说，凤凰每次死后，会周身燃起大火，然后其在烈火中获得重生，并获得较之以前更强大的生命力，称之为“凤凰涅槃”。如此周而复始，凤凰获得了永生，故有“不死鸟”的名称。凤凰和麒麟一样，是雌雄统称，雄为凤，雌为凰，其总称为凤凰。凤凰齐飞，是吉祥和谐的象征。它跟龙的形象一样，愈往后愈复杂，有了鸿头、麟臀、蛇颈、鱼尾、纹、龟躯、燕子的下巴、鸡的嘴。

> **知识小链接**
>
> **麒麟**
>
> 麒麟，亦作“骐麟”，简称“麟”，是中国古籍中记载的一种动物，与凤、龟、龙共称为“四灵”，是神的坐骑，古人把麒麟当作仁兽、瑞兽。雄性称麒，雌性称麟。

罗马诗人奥维德（Ovid）对不死鸟的描述：“大部分怪物都是由其它生物衍生而来的，只有一种例外，它们可以再生，亚述人称之为不死鸟（Phoenix）。不死鸟并非靠花草果实维生，而是以乳香为食，在降生500年后它会落在棕榈树顶端的橡木枝上为自己搭建一个巢，然后出外收集肉桂、甘松和没药等香料，衔入巢内，垫在自己的身下，当它呼出最后一口气后会悄然死去，此时从它的身体里将飞出一只新的不死鸟，同样拥有500年的生命。在西方，凤凰多次出现在基督教的文学艺术作品中，象征着复苏，不朽或死后重生。”

凤凰图

自古以来凤凰就成了中华民族文化中的重要组成部分。凤凰是中国皇权的象征，常和龙一起使用，凤从属于龙，用于皇后嫔妃，龙凤呈祥是最具中国特色的图腾。民间美术中也有大量的类似造型。凤也代表阴，尽管凤凰也分雄雌，更一般的是将其看作阴性。“凤”、“凰”常见于女性姓名。凤凰也被

凤凰图腾

认为是百鸟中最尊贵者，为鸟中之王，有“百鸟朝凤”之说。

凤凰是中国古代传说中的瑞鸟，象征美好与和平，与龙、麟、龟一起被人们美称为四灵，相传，每当凤凰出现的时候，百鸟就会群集左右，一起应声鸣唱。依现在所见的凤凰画像或者雕刻像来说，它具有鸡头，鹤颈和腿，鸳鸯的翼羽，孔雀的尾屏等，由不同的鸟类的特征综合而成，推测它是自古以来传说中的一种形象。

凤凰的起源约在新石器时代，原始社会彩陶上的很多鸟纹是凤凰的雏形，距今约7400年的湖南洪江高庙文化遗址中，出土了一件白色陶罐，其颈部和肩部各戳印有东方神鸟（包括兽面、太阳）图案，一只朝向正面，一只侧面回首。据考古专家鉴定，这件陶器上的神鸟图案即凤凰，要比浙江余姚河姆渡文化遗址中发现的凤凰图案至少要早400年，是迄今为止我国发现的最早的凤凰图案。根据神话传说，凤是从东方殷族的鸟图腾演化而成。

趣味点击

图腾

图腾是原始人群体的亲属、祖先、保护神的标志和象征，是人类历史上最早的一种文化现象。社会生产力的低下和原始民族对自然的无知是图腾产生的基础。运用图腾解释神话、古典记载及民俗民风，往往可获得举一反三之功。图腾就是原始人迷信某种动物或自然物同氏族有血缘关系，因而用来做本氏族的徽号或标志。

鸟类的迁徙

鸟类迁徙是鸟类随着季节变化进行的，方向确定的，有规律的和长距离的迁居活动。在动物界中，类似的活动非常常见，在昆虫则称为“迁飞”，在鱼类则称为“洄游”在哺乳动物则称为“迁移”。迁徙是鸟类生命周期中风险最高的行为，受到体能、天敌等多种因素的制约。

鸟类和其他生物迁徙行为的起源至今没有定论，较多学者认为，地球上交替出现的冰川期与鸟类迁徙行为的起源有着密切的关系，冰川活动期生活在纬度较高区域的鸟类被冰川逼迫南移，冰川北退后出于本能鸟类又迁回高纬度的繁殖地，从而形成迁徙的行为；也有学者认为迁徙行为源自自然选择的压力，由于迁徙行为是鸟类生命周期中最为艰苦和死亡率最高的阶段，因而有着迁徙行为的鸟类在迁徙过程中都经历了严苛的自然选择，有着这一行为的鸟类种群会在生存竞争中占据有理地位，正是这种原则压力造就了鸟类迁徙的行为。

广角镜

候鸟

很多鸟类具有沿纬度季节迁移的特性，夏天的时候这些鸟在纬度较高的温带地区繁殖，冬天的时候则在纬度较低的热带地区过冬。夏末秋初的时候这些鸟类由繁殖地往南迁移到渡冬地，而在春天的时候由渡冬地北返回到繁殖地。这些随着季节变化而南北迁移的鸟类称之为候鸟。有很多电影、歌曲等文艺作品以候鸟为名。

迁徙中的鸟一般会结成群体，在迁飞时有固定的队形。一般有人字形（西文称为“V”形队）、一字形和封闭群。猛禽在白天迁飞，通常不结群迁徙，也会相对比较集中，但个体之间保持一定的距离。某些种的猛禽还会组成数量不等的混合群体进行迁徙。

◎迁徙的时间

不同的鸟类迁徙的时间也各自不同，大型鸟类以及猛禽由于体形较大或由于性情凶猛天敌很少，因而常常在白昼迁徙，夜间休息，以便利用白天由于日照引起的上升气流节省体力；但是更多的候鸟，包括体形较小的食谷鸟类、涉禽、雁鸭类等，则多选择夜间迁徙，白昼蛰伏、觅食的方式，选择夜间迁徙的鸟类会在凌晨异常活跃，在一些鸟道，迁徙季节时候凌晨鸟类的喧闹声甚至能够吵醒熟睡的人。研究显示，白昼迁徙的鸟类多利用太阳或者地面景观导航定位，夜间迁徙的鸟类则利用月光和星座导航。部分鸟类在穿越沙漠和大洋时由于没有落脚点会采取昼夜兼程的迁徙方式。

◎ 迁徙的影响因素

影响鸟类迁徙的因素有很多，其中即有外在的气候、日照时间、温度、食物等，也有鸟类内在的生理因素。

基本小知识

低纬度

低纬度地区：一般是指地球表面南北纬度30度到40度的空间范围，即30N至30S以内地区（不包括30N和30S），其中包括热带、副热带。研究低纬度的意义在于它表示的地理位置的特殊性。由于位置的特殊性，也显示出独特的地理环境要素，如是太阳辐射的集中区，是气候变化比较均匀的地带，是大量生物资源广布而非常活跃的地区等。

气候：在纬度较低的热带、亚热带地区候鸟较少而留鸟较多，而在中高纬度地区候鸟较多而留鸟较少。其主要原因低纬度地区气候变化较小，每年间各项气候指数相对稳定；而中高纬度地区季节鲜明气候变化较大。

鸟的迁徙

温度：温度不仅仅影响了鸟类本身的感受同时也会影响鸟类的食物来源，当高纬度地区温度降低时，鸟类便会随之迁徙，而由于地形等因素的影响中高纬度地区也会有一些区域会保持相对较高的温度，生活在这里的候鸟就有可能转变为留鸟。

日照时间：有相当一部分候鸟，每年开始迁徙时间非常稳定，据室内实验的验证，这与日照时间有关，当日照时间达到一定长度以上或以下之后，会触发鸟类体内的某种反应机制，诱发其迁徙行为。

食物：食物状况是影响鸟类迁徙一个重要因素，有学者认为，由于鸟类是恒温动物，本身对环境温度的变化较不敏感，因而温度因素对鸟类迁徙的影响主要就是通过食物来实现的，温度降低不仅食物本身的活动停止，而且鸟类的觅食活动也受到很大限制，正是这一因素迫使鸟类开始迁徙。

鸟类生理因素：根据对笼养鸟类的观察，每到繁殖季节鸟类会出现所谓“迁徙不安”的行为，部分物种会终日朝向迁徙方向站立；或不断试图起飞，一些夜间迁徙的物种会颠倒昼夜节律，在夜间显示出异常的活跃，由于在笼养条件下，气候、温度、光照、食物的条件终年不变，因而笼养鸟在迁徙季节的“迁徙不安”行为说明至少对部分物种而言，迁徙是其生命本能的一部分，受到其内在生理因素的调节。

哺乳动物的漫长分化

全世界共有4000种左右哺乳动物，人类也是其中之一。除六种最原始的哺乳动物外所有的哺乳动物都是由妈妈直接生育宝宝的。虽然哺乳动物之间长相各异、食性不同，但在他们生命最进而生长发育和生存的。哺乳动物是世界是一个五彩缤纷的世界，在世界的任何地方——非洲大平原、海洋深处、极地冰川、茂盛的森林中几乎都可以看到它们。

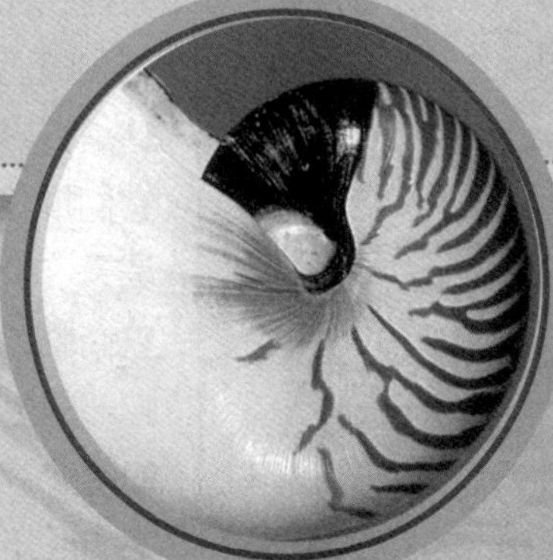

6000 万年前和恐龙并存

6000 万年以前，经过地壳的一次大变动，大洋洲和附近的岛屿跟世界的其他地方分开了，被包围在汪洋大海中间。在完全隔离的条件下，大洋洲的哺乳动物自己在进化，没有别的大陆上的哺乳动物去干扰它们。在以后的漫长的年代里，别的大陆上出现了更进步的哺乳类，有一些就是现代的野兽和家畜的祖先。它们都是胎生的，初生的幼儿发育比较完善。它们把原始的哺乳类，如单孔类、有袋类，都排挤掉了。

大洋洲却不是这样，野猪和老虎，鬣狗和狼，大象和羊，所有这些现代哺乳类的祖先，澳洲都没有。而其他大陆上早已绝灭的原始哺乳动物，恰恰还有一些今天还生活在澳洲。

大洋洲现在也有高等的哺乳动物了，这是近几百年来殖民者从别的大陆上带过去的。因此大洋洲成了一个古代哺乳动物的博物馆。6000 万年来，那些哺乳动物虽然顺着它们自己的进化道路也在发展，可是至今还保留着它们祖先的某些特征。你听说过满身长刺的针鼹和嘴巴长着硬壳的鸭嘴兽吗？这是世界上最奇怪的两种动物，它们跟猫一样身上长着毛，但是又和乌龟一样下带壳的蛋。它们雌的没有乳房，乳腺长在胸部的毛下面。从蛋里孵出来的幼儿就用硬嘴吸取母亲的胸部的毛下面的乳汁。它们是极原始的哺乳动物，叫做单孔类，

趣味点击

针鼹

针鼹，针鼹科动物的统称。外形似刺猬，尾很短，体长约 40 ~ 50 厘米。体毛有的变成坚硬的刺，刺间和腹面有细毛。吻尖短而直，外包有角质鞘。无齿，舌细长如线，上有粘液，能伸出口外粘捕食物。腿短，前后肢各有 5 爪，长而锐利，适于挖掘。似鼹鼠，多夜间活动，穴居，以白蚁、蚁类和其他虫类为食。卵生，通常每次仅产 1 个卵。生殖期雌兽腹面皮肤褶襞成囊状，即临时性的育儿袋。卵在袋中约 7 ~ 10 天孵化。乳区位于育儿袋内。有冬眠现象。仅分布于澳大利亚及新几内亚。

除了大洋洲，别的地方还没有发现过。

知识小链接

鸭嘴兽

鸭嘴兽是最原始的哺乳动物之一，它的尾巴扁而阔，前、后肢有蹼和爪，适于游泳和掘土。鸭嘴兽穴居在水边，以蠕虫、水生昆虫和蜗牛等为食。繁殖时雌鸭嘴兽每次产两卵，幼兽从母兽腹面濡湿的毛上舐食乳汁。其仅分布于澳大利亚东部约克角至南澳大利亚之间，在塔斯马尼亚岛也有栖息。此外，鸭嘴兽是极少数用毒液自卫的哺乳动物之一，是珍贵的单孔目动物。

针　鼹

树袋熊

大洋洲还有一类哺乳动物，就是有袋类。它们不如针鼹和鸭嘴兽那样像爬行类，但是还算不得高等的哺乳类。袋鼠和袋熊都是有袋类，它们雌的并不生蛋，但是幼儿还没有发育好就生下来了。袋鼠的胎儿在母亲肚子里只待 7 个星期，生下来还是个瞎子，只有 2～3 厘米长，它爬进母亲胸前的袋子里，吸母亲的乳头。过了 3 个月，它才从袋子里探出头来；到了第六个月，才离开它母亲的育儿袋。原始的爬行动物有

澳大利亚一角

一副支持腹壁的骨骼。有袋类虽然是哺乳类，也有这样一副骨骼。

大洋洲有些有袋类动物，长得非常像高等动物。树袋熊没有尾巴，样子很像一只小熊，可是它完全不是熊，而是有袋动物，雌的胸前也长着育儿袋。大洋洲的单孔类和有袋类也在走向绝灭的道路，跟几百万年前别的陆地上一样。狗、猫和兔子，这些被人们带到大洋洲去的动物，正在迅速地损害那些更温和的原始哺乳动物。要是不加保护，它们会死光的。

你知道吗

育儿袋

育儿袋为有袋类雌性腹部由皮肤皱褶所形成的囊，内有数个乳头，此囊称为育儿袋引，靠耻骨前方的所谓袋骨来支撑。胎儿在发育早期就移入育儿袋内，在袋内口含乳头继续发育。单孔类的针鼹仅生殖期有暂时的育儿袋，内部有乳囊，卵在其中孵化，幼儿乃在此发育。海马雄性的类似构造，称为卵囊。

许多古生物学家认为哺乳动物起源于5600万年前，但一项250年前的统计学技术促使研究人员改写了包括人类和所有其他分娩出生、完全发育的哺乳动物在内的哺乳动物的进化史，科学家近期在美国《科学》杂志上发表的新研究表明，哺乳动物有两个最古老的类群出现于1亿多年前，当时地球上称为冈瓦纳大陆的巨型南方大陆正在分裂。哺乳动物的祖先和恐龙同期生活过。

趣味点击

土豚

土豚又叫非洲食蚁兽，是一种身强力壮的动物。“土豚”在非洲语中意思是“土猪”。土豚是食虫动物，靠吃蚂蚁和白蚁为生。2011年5月10日，媒体报道美国无毛土豚宝宝刚一出生就被母亲抛弃，佛罗里达州坦帕布希公园的工作人员现在负责照顾它。

传统上，研究人员是通过估测两个假定亲缘种之间某个特定特征（如四肢长度）或特定DNA序列的变异程度来绘制进化树的。然而，这些进化树却容易因采用的数据和分析技术不同而出现差异。因此，来自美国马里兰州美国国家癌症研究院的威廉·莫菲和爱德华多·艾兹里克与美国加州大学的马克·施普林格合作，将DNA证据与贝叶斯定理结合起来用以描绘哺乳动物进化树。这项技术发展于18世纪，可用来评价新信息对现有观念继续保持正确的几率所造成的影响。

研究人员报道说所有哺乳动物起源于现在的非洲，而不是起源于古代北方大陆。他们的分析表明，哺乳动物可以整齐地分为4个类群，但又有一些变动。例如，最古老的类群包括大象、土豚和蹄兔。另一类群包括犰狳、树獭和食蚁动物等。一些更为普通的哺乳动物：啮齿类动物、野兔和灵长类组

土　豚

成第三个类群，第四个类群由食肉动物、鲸鱼、牛和马等组成。该研究的合作者之一美国国家癌症研究院的斯蒂芬·欧布莱恩称这种新的分组形式得到了有关数据的强有力支持，科学家们澄清了哺乳动物主要类群之间的模糊关系，指出目前对人类、大鼠和小鼠基因组测序所得到的成就只不过稍稍涉及了哺乳类动物多样性的一点皮毛。

这个发现还存有争议，研究小组从他们的同事那里得到了各种各样的评论。美国密立根州立大学的古生物学家菲利普·金吉里奇就评论说：“他们关于较高级进化关系的论述看上去相当有道理，但是另一方面，他们对哺乳动物分化时间的确定看来还缺少证据。”在他看来，化石证据指向了完全不同的情况。要弄清楚，还需要更多的研究。

漫长的分化之路

恐龙走了，哺乳动物并没有立即繁荣起来，研究表明，哺乳动物是在恐龙灭绝后的相当长一段时间里才利用进化上的有利时机，迅速繁荣起来。早期哺乳动物分化所经历的时间比科学家之前所想的长得多，比如蹄兔，就和大象有着共同的祖先。

岩栖蹄兔

有专家指出，哺乳动物是在恐龙灭绝之后1000万～1500万年才真正开始占据地球主导地位的。有学者指出，在恐龙灭绝后的很短时间内，历史上曾经出现了哺乳动物快速分化的一个小高峰，但其中的大多数物种还未充分进化就已灭绝。而哺乳动物真正的分化开始于大约5600万～3400万年前的第三纪始新世。而开花植物在始新世的出现可能为哺乳动物提供了新的食物来源，从而促进了它们的分化。

6500万年前突如其来的宇宙小行星撞击地球导致了恐龙和其他很多生物的灭绝，这就是生物进化史上著名的生物大灭绝事件，当时约75%～80%的物种灭绝。长达数亿年之久的恐龙时代在此终结，这次生物大灭绝事件最大的贡献在于消灭了地球上处于霸主地位的恐龙及其同类，为哺乳动物及人类的最后登场提供了契机。今天哺乳动物的祖先才得到繁衍昌盛的机会。

在恐龙灭绝的时候，哺乳动物还非常小，介于鼩鼱和猫的体型之间。长期以来，人们持一种观点，认为由于恐龙灭绝，新哺乳动物因为有了更多的食物和栖息地而大规模繁殖，由此形成了一些新的物种。新的研究表明，在某种程度上，这种现象确实发生了，但是这些新形成的物种并没有留下后代。现代哺乳动物——如啮齿类动物、猫科动物、马、大象以及人类的祖先并没有在这个时期出现。相反，这些动物的祖先是在 1 亿年前 ~ 8500 万年前和 5500 万年前 ~ 3500 万年前两个时间出现了大爆炸式的演化。

知识小链接

栖息地

栖息地是生物出现在环境中的空间范围与环境条件总和。

第一个进化时间是与先前通过哺乳动物 DNA 进行的研究结果是一致的，比采用化石研究得出的结论要早一些。第二次大爆炸出现的时间是通过化石记录得出来的。这些结论解释了为什么不能在那个时期找到现代动物的祖先——恐龙的灭绝并没有引发进化，这些动物的祖先依然还很原始。

科学家在近期出版的英国《自然》科学期刊上发表了他们的上述研究结果，他们发现，事实上，大多数哺乳动物，包括灵长类，啮齿类和有蹄类的祖先是在 6500 万年前的大灭绝之前就出现的，并且成功地躲过了这次大灭绝。直到大灭绝后的 1000 万 ~ 1500 万年，存活下来的各个哺乳动物种系开始走向繁盛并多样化起来。有些哺乳动物确实从这次大灭绝中得到了好处，但它们和现存的哺乳动物关系较远，其中的大部分在随后的进化中灭绝了。

该研究的负责人认为，白垩纪末期生物大灭绝后哺乳动物爆炸式的增长并不是原来认为的短期就完成的，实际的时程长很多，这一发现也对原来认为白垩纪末期生物大灭绝对今天存在的哺乳动物的多样化有重要的直接影响这一假说提出了挑战。

科学家分析了 40 多个现存的哺乳动物种系，发现哺乳动物的多样化速度在白垩纪末期生物大灭绝后的白垩纪和第三纪的交接点处几乎没有改变，而不是原来认为的恐龙灭绝后哺乳动物多样化速度会加快。其他科学家认为这项研究成果打开了更好了解哺乳动物进化历史的大门，也迫使人们重新去研究影响较晚期哺乳动物繁荣发展的生态和其他因素。

◎独特的一支——树上的进化

除了大洋洲，只有美洲还有一种活的有袋动物，叫做负鼠。其他各地的有袋动物，早就让位给它们的更成功的堂兄弟了。这些成功的哺乳动物大部分生活在陆地上，有一些生活在海洋里，如鲸和海豚；有少数是能够飞的，蝙蝠就是飞得最好的哺乳动物。

> **趣味点击**
>
> **负鼠**
>
> 负鼠为中、小型兽类。大多数具有能缠绕的长尾，因此母负鼠能随身携带幼鼠到处奔跑。尾毛稀疏并覆以鳞片。少数种类尾短而具厚毛。四肢短，均具5趾。拇指大，无爪，能对握。负鼠布于加拿大东南部，向南通过美国东部和墨西哥到达阿根廷境内南纬47的地区。北美大负鼠、灰四眼负鼠、水负鼠3属具清楚的袋囊，其余的属或不具袋囊或仅有两条皮褶。雌兽具7~25个乳头。负鼠小的有老鼠那么大，最大的也不过像猫一样大。

未来是属于哪一类动物的呢？哪一类动物将是世界的新的统治者呢？

牙齿长得像剑一样的老虎，在草原上咆哮着，追捕鹿和熊，也追捕鬣狗和狼。这些动物虽然动作敏捷，也得小心翼翼地对付那些饿慌了的肉食者。有一类动物多了一个优点，它们住在树上，碰到危险的机会就少得多。这些动物就是灵长类。

灵长类的祖先在6000万年前开始出现，它们身体长，腿短，有点像老鼠，最初跟别的小动物没有多大不同。在长时期的进化过程中，它们才变得更加适宜于生活在树上。

从这些早期的灵长类，发展出狐猴、猴子、类人猿，还有人。

你可知道，你的身体是上千万年在树上进化的产物？你可知道，你的祖先爬上了树就一直在树上生活，大约有5000万年之久不曾下地来长期生活？下面就是灵长类生活在树上的时期所发生的变化。

腿——前腿和后腿开始分工。后腿成了身体的主要支柱。前腿比后腿较为自由，经常用来试探什么，发展得越来越像手臂。手和脚——初期灵长类的手和脚都能用来抓东西，它们全靠手和脚把自己的身体悬挂在树枝上。它们的手指和脚趾长得越来越长，到后来大拇指和大脚趾很发达，能够对着其他 4 个指头弯曲过来。拿大猩猩的手和脚比较一下人的手和脚。眼睛——树居生活需要很好的眼睛。最成功的灵长类都长着两只大眼睛，两只眼睛还能够同时盯住一件东西。狗和兔子这些动物是办不到的，它们通常侧着脑袋，用一只眼睛来注视一件东西。它们的两只眼睛只能各看各的，不能把目光集中在同一件东西上。灵长类能够用两只眼睛看同一个目标，所以能够判断那个目标离它们多远。它们可以从一根树枝跳到另一根树枝，而不会从树上摔下来。鼻子和嘴——灵长类的视觉很发达，因而嗅觉不必很敏锐，用来辨别气味的鼻子长得比较小。它们不再用嘴来取得食物，像牛和马啮草那样，它们是用手把食物送到嘴里去的，嘴只是用来咀嚼而已，不必再长得很大。最后，它们的面部渐渐长得跟人一样，鼻子小而扁，嘴也小得多了。头颅——灵长类的脑子越来越大，头颅就越长越圆。

远古树上的进化名称

当然，完成这些变化，需要很长很长的时间。在这漫长的年代里，地球又在变化了。

冰雪从北部和山地向南方和平原扩展，天气又慢慢地变冷了，炎热和潮湿的热带气候过去了。只能生活在莽丛里的许多身体庞大的奇形怪状的哺乳动物，又走到了进化的尽头。代之而起的是一些适宜于在新的气候下生活的新的种族。曾在西伯利亚平原上咆哮的长毛古象，便是其中之一。

卵生哺乳动物鸭嘴兽

这个长着兽的身体却有鸭的嘴巴的动物，连恩格斯也向它认过错。

1843 年，恩格斯在英国看到一只鸭嘴兽的蛋。人们告诉他：这是生活在澳大利亚的一种哺乳动物。恩格斯听后哈哈大笑：哺乳动物都是胎生的，鸭嘴兽是卵生的，因此肯定不是哺乳动物。后来，事实使恩格斯“不得不请求鸭嘴兽原谅自己的傲慢与无知”。相同的事例还有许多，大约 1843 年以前，英国从其殖民地澳大利亚弄来一件鸭嘴兽标本，运往伦敦时，曾遭到许多著名生物学家的反对。他们一致认为，这个标本是由几种不同的动物拼凑而成的，是伪造的，并扬言要追究是什么人的恶作剧。因为按照传统的概念，兽类都是胎生的，而不是卵生的。

基本小知识

卵生

动物的受精卵在母体外独立发育的过程叫卵生。卵生的特点是在胚胎发育中，全靠卵自身所含的卵黄作为营养。卵生在动物中很普遍。

鸭嘴兽是现存最原始的哺乳动物，仅分布在澳大利亚南部和塔斯马尼亚岛，它既像鸟类，又似爬行类，是一种十分奇特的哺乳动物。它的大小和兔子差不多，体形扁肥，长着像鸭嘴似的角质喙；四肢有蹼；有耳孔，无外耳，在水中耳孔会自动关闭。后脚上有一根中空的毒距，能分泌毒液，用以攻击对手，这是哺乳动物中独一无二的特点。

鸭嘴兽既不同于哺乳动类，有不同于爬行类，鸟类。它生殖，繁殖后代的方式非常奇特。她既产蛋，又哺乳。鸭嘴兽与鸟类，爬行类也有相似之处：卵，尿，粪都是由一个孔排除体外，所以叫“单孔类”。雌兽受精后在体内发育成两个卵。卵排出后，由母兽孵化，10 天后，小兽破壳而出。母兽没有乳房和乳头，只有在腹部有一个凹沟，像出汗一样分泌乳汁，小兽就爬到母亲的腹部添食乳汁。两个月后，幼兽睁开眼睛，但活动能力还很弱，4 个月后，小兽能独立游泳，觅食。

水中游弋的鸭嘴兽

还有个奇特现象，成年鸭嘴兽没有牙齿，而小兽出壳前有一种特殊锋利的“卵牙”，用来打开卵壳。出壳后“卵牙”很快脱落，又长出十多颗“乳牙”接着又脱落，再生出来的是特化了的角质垫，是成兽当牙用的进食工具。

鸭嘴兽的家多建于河流、湖泊岸边，洞穴长达 10 ~ 20 米，有两个开口，一个在水里，另一个在岸边草丛中，水陆相通，十分方便。它利用嘴喙拱土和前爪刨土，穿洞速度比穿山甲还快。鸭嘴兽白天睡觉，晚上捕食。一般吃虫类，蚯蚓，蝌蚪，青蛙等。它的食量很大，吃相滑稽可笑，边吃边摇头晃脑。它的大部分时间是在水中度过的，连“婚礼”也是在水中举行的。

鸭嘴兽是从爬行类到哺乳动

你知道吗

生殖器

生物体产生生殖细胞用来繁殖后代的器官。高等植物的生殖器是花。人和高等动物的生殖器包括雄性的精囊，输精管，睾丸，阴茎等；雌性的卵巢，输卵管，子宫，阴道等。人和高等动物的生殖器是发生性行为的必要条件，所以生殖器又叫做性器官。

物的过渡型动物，关于它的祖先，现在还没有结论。

关于鸭嘴兽究竟属于哪一类动物，曾经在生物学界引起了一场热烈争论。有的科学家从形态学上观察，认为鸭嘴兽应归属于鸟类，其理由是：它那扁平的鸭嘴形嘴巴是角质的，没有哺乳动物特有的肉质的口唇；成年动物与鸟类一样，没有牙齿；尾巴扁平而宽阔；脚上长蹼，善于游泳；以下蛋来繁殖后代，胚胎靠卵黄的营养发育；雌体只有一侧生殖器官发生作用。这一系列特征都和鸟类相似。另一些科学家却认为，鸭嘴兽靠乳汁来哺育幼仔，浑身密布着浓褐色的短兽毛，应该归于哺乳动物。

鸭嘴兽

经过多年的争论，最后，动物学家以兽毛和哺乳作为分类的主要依据，将鸭嘴兽列入哺乳动物，称它为卵生的哺乳动物。因为在动物世界里，只有哺乳动物才有圆形的毛（鸟类的羽毛是扁的），才分泌真正的乳汁，而这两点鸭嘴兽都具备了。此外，鸭嘴兽还有肌肉质横膈膜、左体动脉弧（鸟类只有右体动脉弧），这些也是哺乳动物的特征。至于“鸭嘴兽”一名，是在这种动物被确认为兽类以后，根据它的嘴和鸭嘴相似才取名的。

海中灯塔——海豚

海豚脑部发达不逊于灵长类。从解剖学的角度来看，海豚的脑部非常发达，不但大而且重。海豚大脑半球上的脑沟纵横交错，形成复杂的皱褶，大脑皮质每单位体积的细胞和神经细胞的数目非常多，神经的分布也相当复杂。例如，大西洋瓶鼻海豚的体重250千克，而脑部重量约为1500克（这个值和成年男性的脑重1400克相近）脑重和体重的比值约为0.6，这个值虽然远低于人类的1.93，但却超过大猩猩或猴类等灵长类。

广角镜

神经细胞

神经系统有大量神经元，神经元之间的联系仅表现为彼此互相接触，但无原生质连续。典型的神经元树突多而短，多分支；轴突则往往很长，在其离开细胞体若干距离后始获得髓鞘，成为神经纤维。

基本小知识

皱褶

在细胞表面有一种扁形突起，称为皱褶或片足。皱褶在形态上不同于微绒毛，它宽而扁，宽度不等，厚度与微绒毛直径相等，约0.1μm，高达几微米。在巨噬细胞的表面上，普遍存在着皱褶结构，与吞噬颗粒物质有关。

至于海豚大脑半球上由脑沟所形成的皱褶，根据研究显示，大西洋瓶鼻海豚的皱褶甚至比人类还多，而且更为复杂，它们的大脑皮质表面积为2500平方厘米，是人类的1.5倍。海豚脑部神经细胞的密度与人类或黑猩猩的几乎没有差别。换句话说，海豚脑部神经细胞的数目，比人类或黑猩猩的还要多。因此，无论是从脑重量和体重的比，或是从大脑皮质的皱褶数目来看，大西洋瓶鼻海豚脑部的记忆容量，或是信息处理能力，均与灵长类不相上下。

在野外，海豚会用吻部的牙齿捕捉猎物，它们有 90 ~ 100 只牙齿，但它们不会咀嚼，而是把整条鱼吞下。海豚和鲸一样均是用头顶的气孔呼吸，它们会游出水面呼气，在再次潜入水中前，深深地吸一口气。它们的肺部是特别构造的，可迅速减压，使它们可以潜至水深 30 多米的地方。海豚是用尾鳍上下拍动水面而游动的，一双前鳍是帮助它们改变游动的方向，背鳍帮助它们稳定身体，而海豚的流线型身体，可减低它们在水中的阻力，令它们可以维持 30 千米/小时的游泳速度。

海豚最喜欢吃鱼和鱿鱼，每天进食的分量约是体重的 4% ~8%；它们的体重约重 200 千克，所以每天进食约 15 千克的食物。在海洋公园生活的海豚所吃的食物主要是从美国进口的横泽鱼、鲛鱼、沙甸鱼、鱿鱼和多春鱼，因为外国的货源比较充足及稳定，而且食物受污染的机会较少。

海豚是一种靠肺来呼吸的动物。但是，海豚以鱼、虾等海中生物为主食，它们长期生活在海水中，已适应这种环境，身体内的肌肉和血液经过体内生物化学反应，能释放出氧气，保证呼吸需要。所以，海豚长时间潜在海里也不会闷死。

◎ 海豚的睡觉方式

趣味点击

脑电波

人身上都有磁场，但人思考的时候，磁场会发生改变，形成一种生物电流通过磁场，而形成的东西，我就把它定位为“脑电波”。

海豚似乎永远不眠不休地四处游动。海豚是哺乳类动物，原先栖息陆地，后来又回到水中生活，用肺呼吸。若它们在水中持续睡觉，海豚将因无法呼吸而死。难道它们真的不用睡觉？若会睡觉，它们是睡在陆地，还是睡在海中呢？

其实若我们能够细心观察海豚一段时间，便会发现它们在游泳时，有时会闭上其中的一只眼睛。经调查它们的脑电波得知，它们某一边的脑部会呈睡眠状态。即使它们虽然持续游泳，但左右两边的脑部却在轮流休息，每隔十几分钟，他们的活动状态变换一次，而且很有节奏。

◎ 海豚护幼奋不顾身

母海豚如果不幸小产，为了让没有行动能力的小海豚呼吸，它会拼命地用自己的吻部把小海豚推向水面，并不断地重复这些动作，甚至停止觅食达两天之久。

◎ 海豚救援遇难同类

1994 年 6 月，研究人员在太平洋进行海豚生态调查时，曾观察到一条不幸被鱼叉击中而呈昏迷状态的海豚，在其附近，游来另一条海豚，并不断地把受伤的同类推向水面，它发出的声音，仿佛在唤醒处于昏迷状态的受伤海豚。

◎ 海豚能识别敌友

研究人员在调查野生海豚时发现，通常一开始海豚都不愿意靠近人，似乎意识到陌生物体的存在。但当察觉人类并无敌意后，海豚的戒备之心逐渐下降，甚至可近到伸手可及的距离，它们会一边摇动头部，一边观察人。只要其中的一条不经意地逐渐靠近人，其他的海豚也会慢慢地游过来。

大洋中的海豚

意大利南部夏科湾附近，每天都有 10 多条大西洋瓶鼻海豚游向海滩。这些海豚对人类的骚扰似乎并不介意，而且已习惯人类用手给它们的食物和鱼饵。因此，即使是野生海豚，若有适当的机会，也会与人类和睦相处。然而，人类只有摆脱“万物之灵”的成见，置身于海豚的世界。才能发现与海豚的其他沟通方式。

在新西兰首都惠灵顿，有一座造型别致的海豚纪念碑，上书“天才领航员杰克”。1871 年的某一天，帆船“布里尼尔号”行经新西兰科克海峡，因天气突变，困于“死亡之峡”整整一天，眼看就要遭受灭顶之灾，绝望中的船长无力地在胸前划着十字。突然，他眼睛一亮，一条银灰色的大海豚从惊涛中跃起，并不时回首盼望，仿佛在说：“请放心，朋友，我知道怎样冲出迷途，摆脱死神。”船长像在夜航中看见灯塔，想也不想就下令紧随海豚前进。大海豚七拐八转，终于把“布里尼尔号”领出了恐怖之地。

知识小链接

海豚

海豚是体型较小的鲸类，共有近 62 种，分布于世界各大洋，主要以小鱼、乌贼、虾、蟹为食。海豚是一种本领超群、聪明伶俐的海中哺乳动物。

从此，奇迹出现了。这只银灰色的海豚始终徘徊在海峡附近，年复一年地为过往船只领航。每逢有船来到，它总是跃出水面，摇摇尾鳍表示欢迎，然后绕暗礁、躲湍流，使船只摆脱危难，船员们亲切地称它为“杰克”。1912 年，杰克结束了 40 年如一日的义务领航员生涯，悄然逝去。当地人怀着依恋之情，潜水员找到它的遗体，并在上覆盖着国旗，随后为它举行了葬礼，以后又为它精雕了铜像。

◎ 海豚捕食讲究分工

海豚在捕食过程中是以群体进行活动的，不仅如此，每一只海豚在捕食中还有各自的明确分工。

◎海豚的悲壮葬礼

海豚特别珍重死去同伴的尸体，绝不允许其他海洋动物的撕咬吞噬。当同伴死后，会有几十上百只的海豚簇拥着它的尸体，像守灵一样长达10多天，直到尸体开始腐烂而不会被其他海兽啃啮为止。

海洋中的明星——海豚

会飞的哺乳动物——蝙蝠

人们常用“飞禽走兽”一词来形容鸟类和兽类，但这种说法有时却并不一定正确，因为有一些鸟类并不会飞，如鸵鸟、鸸鹋、几维和企鹅等；同样也有一些兽类并不会走，如生活在海洋中的鲸类等，而蝙蝠类不但不会像一般陆栖兽类那样在地上行走，却能像鸟类一样在空中飞翔。

蝙蝠是唯一一类演化出真正有飞翔能力的哺乳动物，有900多种。它们虽然没有鸟类那样的羽毛和翅膀，飞行本领也比鸟类差得多，但其前肢十分发达，上臂、前臂、掌骨、指骨都特别长，并由它们支撑起一层薄而多毛的，从指骨末端至肱骨、体侧、后肢及尾巴之间的柔软而坚韧的皮膜，形成蝙蝠独特的飞行器官——翼手。中国古代也有关于蝙蝠的记载，说它们生活在钟乳洞里，名叫仙鼠，那里的蝙蝠因为能够喝到洞里的水得到长生，千年之后它们的身体颜色也有了巨大的变化，从原来的黑暗的颜色变成了通身雪白，我想这就是它们为什么被称为仙鼠的原因吧。

蝙蝠的胸肌十分发达，胸骨具有龙骨突起，锁骨也很发达，这些均与其特殊的运动方式有关。它非常善于飞行，但起飞时需要依靠滑翔，一旦跌落地面后就难以再飞起来。飞行时把后腿向后伸，起着平衡的作用。蝙蝠一般都有冬眠的习性，冬眠时新陈代谢的能力降低，呼吸和心跳每分钟仅有几次，血流减慢，体温降低到与环境温度相一致，但冬眠不深，在冬眠期有时还会排泄和进食，惊醒后能立即恢复正常。它们的繁殖力不高，而且有“延迟受精”的现象，即冬眠前交配时并不发生受精，精子在雌兽生殖道里过冬，至翌年春天醒眠之后，经交配的雌兽才开始排卵和受精，然后怀孕、产仔。

趣味点击

几维

几维鸟又译为鹬鸵，是无翼鸟科3种鸟类的共同名称。因其尖锐的叫声而得名。几维鸟的身材小而粗短，嘴长而尖，腿部强壮，羽毛细如丝发，由于翅膀退化，因此无法飞行。几维鸟很容易受到惊吓，大部分的活动都在夜间进行，觅食时用尖嘴灵活地刺探，长嘴末端的鼻孔可嗅出虫的位置，进而捕食。主要食物包括泥土中的蚯蚓、昆虫、蜘蛛和其他无脊椎动物。寿命可达三十年，是新西兰的特产，也是新西兰的国鸟及象征。

蝙蝠中的多数还具有敏锐的听觉定向（或回声定位）系统。大多数蝙蝠以昆虫为食。因为蝙蝠捕食大量昆虫，故在昆虫繁殖的平衡中起重要作用，甚至可能有助于控制害虫。某些蝙蝠亦食果实、花粉、花蜜；热带美洲的吸血蝙蝠以哺乳动物及大型鸟类的血液为食。这些蝙蝠有时会传播狂犬病。

蝙蝠呈世界性分布。在热带地区，蝙蝠的数量极为丰富，它们会在人们的房屋和公共建筑物内集成大群。蝙蝠的体型大小差异极大。最大的吸血狐蝠翼展达1.5米，而基蒂氏猪鼻蝙蝠的翼展仅有15厘米。蝙蝠的颜色、皮毛质地及脸相也千差万别。蝙蝠的翼是进化过程中由前肢演化而来。除拇指外，前肢各指极度伸长，有一片飞膜从前臂、上臂向下与体侧相连直至下肢的踝部。拇指末端有爪。多数蝙蝠于两腿之间亦有一片两层的膜，由深色裸露的皮肤构成。蝙蝠的吻部似啮齿类或狐狸。外耳向前突出，通常非常大，且活动灵活。许多蝙蝠也有鼻叶，由皮肤和结缔组织构成，围绕着鼻孔或在鼻孔上方拍动。据认为鼻叶影响发声及回声定位。蝙蝠的脖子短；胸及肩部宽大，胸肌发达；而髋及腿部细长。栖息于空旷地带的蝙蝠，皮毛上常有斑点或杂色斑块，颜色也各不相同。

你知道吗

翼手

翼手目是哺乳动物中仅次于啮齿目动物的第二大类群，除极地和大洋中的一些岛屿外，分布遍于全世界。翼手目的动物在四肢和尾之间覆盖着薄而坚韧的皮质膜可以像鸟一样鼓翼飞行，这一点是其他任何哺乳动物所不具备的，为了适应飞行生活，翼手目动物进化出了特化伸长的指骨和链接期间的皮质翼膜，前肢拇指和后肢各趾均具爪可以抓握，发达的胸骨进化出了类似鸟类的龙骨突，以利胸肌着生，发达的听力等。

知识小链接

妊娠

妊娠是母体承受胎儿在其体内发育成长的过程。妊娠期间的妇女称为孕妇，初次怀孕的妇女称初孕妇，分娩过 1 次的称初产妇，怀孕 2 次或 2 次以上的称经产妇。卵子受精为妊娠的开始，胎儿及其附属物即胎盘、胎膜自母体内排出是妊娠的终止。

蝙蝠的取食习性各异，或为掠食性，或有助于传粉和散布果实，从而影响自然秩序。吸血蝙蝠对人类就是一个严重的问题。食虫蝙蝠的粪便一直在农业上用作肥料。整个蝙蝠群的性周期是同步的，因此大部分交配活动发生于数周之内。妊娠期从 6 ~ 7 周到 5 ~ 6 月。许多种类的雌体妊娠后迁到一个特别的哺育栖息地点。蝙蝠通常每窝产 1 ~ 4 仔。幼仔初生时无毛或少毛，常在一段时间内不能视不能听。幼仔由亲体照顾 5 周 ~5 个月，按不同种类决定。

倒挂在树上的蝙蝠

几乎所有蝙蝠均于白天憩息，夜出觅食。这种习性便于它们侵袭入睡的猎物，而自己不受其他动物或高温阳光的伤害。蝙蝠通常喜欢栖息于孤立的地方，如山洞、缝隙、地洞或建筑物内，也有栖于树上、岩石上的。它们总是倒挂着休息。它们一般聚成群体，从几十只到几十万只。具有回声定位能力的蝙蝠，能产生短促而频率高的声脉冲，这些声波遇到附近物体便反射回来。蝙蝠听到反射回来的回声，能够确定猎物及障碍物的位置和大小。这种本领要求高度灵敏的耳和发声中枢与听觉中枢的紧密结合。蝙蝠个体之间也可能用声脉冲的方式交流。有少部分蝙蝠依靠嗅觉和视

拓展阅读

声波

声波，一种纵波，是声波的震荡波形，声波，弹性介质中传播着的压力振动。声以波的形式传播着，我们把它叫做声波. 声波借助各种介质向四面八方传播。在开阔空间的空气中那种传播方式像逐渐吹大的肥皂泡，是一种球形的阵面波。声音是指可听声波的特殊情形，例如对于人耳的可听声波，当那种阵面波达到人耳的位置的时候，人的听觉系统会有相应的声音感觉。

觉找寻食物。

科学家认为，蝙蝠是由大约 1 亿年前生活在树上的一种不会飞的哺乳动物进化而来的。

那时，蝙蝠在树枝间窜来蹦去，就像现在的狐猴和松鼠。渐渐地，某些蝙蝠的胳膊与身体之间长出了皮膜，这使它们在空中跳跃时能“飞”得更高、更远。拥有这种变异的蝙蝠比那些没有发生变异的同类更加灵活，能更好地适应环境，也因此能活得更长久，能生育更多的子女。在自然选择的作用下，蝙蝠的皮膜越长越宽，越长越厚，最终进化成了现在这样具有完整功能的翅膀。

黑暗中的蝙蝠

大熊猫“团团”、“圆圆”

熊猫生长于中国中西部四川盆地周边的山区，主要栖息于海拔 1600 ~ 3600 米，落叶阔叶林、针阔混交林和亚高山针叶林带的山地竹林内。主要分布在中国的陕西南部、甘肃及四川等地，80% 分布在秦岭、岷山、梁山、邛崃、大相岭、小相岭等 6 个山系，是中国特有物种。全世界野生大熊猫现存大约 1590 只左右，由于生育率低，再加上对生活环境的要求相当高，在中国濒危动物红皮书等级中评为濒危物种，为中国国宝。在 1961 年世界自然基金会成立时就以大熊猫为其标志，大熊猫俨然成为物种保护最重要的象征，大熊猫也是中国作为外交活动中表示友好的重要代表。

从远古的食肉类祖先演变成今天专以竹子为食的物种，是大熊猫演化过程中最特别和最难弄清楚的问题。

近百年来，古生物学家在亚洲、主要是在中国发现了上百个大熊猫的化石地点，对这种动物200万年以来的演化历程有了一个比较明确的认识：无论是早更新世的大熊猫小种，还是中晚更新世的大熊猫巴氏亚种，除了体型不同外，它们与现生的大熊猫至少在头骨和牙齿的形态、结构方面没有什么根本的区别。那么200万年以前的大熊猫又是什么样子呢？现在还不得而知。20世纪80年代初，我国的古生物学家在云南禄丰找到了一些零星牙齿化石，从这些牙齿的咬面形态和结构看，它已具备了一些现生大熊猫的相应特征，古生物学家给它起了一个名字叫禄丰始猫熊，这可能是目前世界上所知最早的大熊猫的祖先类型了。在这之

濒危物种

濒危物种指所有由于物种自身的原因或受到人类活动或自然灾害的影响而有灭绝危险的野生动植物。一个关键物种的灭绝可能破坏当地的食物链，造成生态系统的不稳定，并可能最终导致整个生态系统的崩解。

国宝大熊猫

前，在欧洲的匈牙利也发现过少量的“郊猫熊”牙齿化石，在时代上它比“始猫熊”晚，也是发现在褐煤层中。但因它没有“后代”，难以断定它就是现生大熊猫的祖先类型。始猫熊和郊猫熊都出自褐煤层中，可见它们是生活在沼泽地带，因此不可能以竹子为食。那么大熊猫从什么时候开始食竹？又为什么要改食竹子呢？这依然是个谜！

由于生存条件的恶化和自身繁殖力极低，现生的大熊猫已成为濒危物种。科学家们正在为它们营造合适的生存环境，并设法利用现代科学技术对这个物种进行“克隆”，愿这个人见人爱的物种繁衍不衰、永远昌盛。

◎演　化

进化出来的“拇指”可以让大熊猫灵活地抓握竹子，大熊猫的祖先是始熊猫（Ailuaractos lufengensis），这是一种由拟熊类演变而成的以食肉为主的最早的熊猫。始熊猫的主枝则在中国的中部和南部继续演化，其中一种在距今约300万年的更新世初期出现，体形比现在的熊猫小，从牙齿推断它已进化成为兼食竹类的杂食兽，此后这一主支向亚热带扩展，分布广泛，在华北、西北、华东、西南、华南以至越南和缅甸北部都发现了化石。在这一过程中，大熊猫适应了亚热带竹林生活，体型逐渐增大，依赖竹子为生。在距今50万~70万年的更新世中、晚期是大熊猫的鼎盛时期。现在的大熊猫的臼齿发达，爪子除了五趾外还有一个“拇指”。这个“拇指”其实是一节腕骨特化形成，学名叫做“桡侧籽骨”，

> **你知道吗**
>
> **冷杉**
>
> 冷杉是松科的1属，有50余种。常绿乔木，树干端直，枝条轮生。分布于欧洲、亚洲、北美洲、中美洲及非洲最北部的亚高山至高山地带。冷杉属植物发生于晚白垩世，至第三纪中新世及第四纪种类增多，分布区扩大，经冰期与间冰期保留下来，繁衍至今。冷杉具有较强的耐阴性，适应温凉和寒冷的气候，土壤以山地棕壤、暗棕壤为主。常在高纬度地区至低纬度的亚高山至高山地带的阴坡、半阴坡及谷地形成纯林，或与性喜冷湿的云杉、落叶松、铁杉和某些松树及阔叶树组成针叶混交林或针阔混交林。

主要起握住竹子的作用。

由于大熊猫和小熊猫都兼有熊和浣熊的特性，也与这两个科的动物有着明显的差异，它的科学分类一直有争议，有人提议把大熊猫单列为熊猫科来解决这个问题。即使用现代的基因测试技术，对不同的蛋白或核酸进行比对可能得出大相径庭的结果。因此大熊猫的分类至今仍有很大的争议。

◎ 习性与繁衍

大熊猫喜欢独居，每只大熊猫有单独的活动区域。除发情期外，常过着独栖生活，昼夜兼行。巢域面积为 3.9～6.4 平方千米不定，个体之间巢域有重叠现象，雄体的巢域略大于雌体。雌体大多数时间仅活动于 30～40 公顷的核域内，雌体间的核域不重叠。

成年大熊猫的发情期很短，尤其人工饲养后发情更为不易，一年里雌性熊猫的发情期只有几天，交配后就分开，熊猫仔由雌性单独养育。熊猫在野外身手灵活，善于爬树，遇到危险时奔跑速度很快。大熊猫常在冷杉的大树洞里生育，一胎产一仔，有时产两仔，怀孕时体貌无明显变化。出生的大熊猫幼仔只有一二两（1 两≈33.33 克）重，呈粉红色，与成年熊猫形态差别很大。由于熊猫以竹子为食，每天需要长时间进食来保证热量的供给，在育幼期母熊猫也要离开幼崽 2～4 个小时外出觅食。

吃竹子的熊猫

◎ 饮食习惯

大熊猫的食物主要是箭竹。竹子的特点是一年四季都能茂盛青翠，而且各部分的营养成分大体一致，它们吃竹子的心和竹笋，有时也吃竹叶。但熊猫的肠子很短，也没有供发酵纤维素的共生细菌。熊猫只能吸收吃下去的竹子的 17%，而鹅的食物虽然通过消化道很快，它们的利用率也有 30%。这就使得熊猫每天进食时间长达 10 个小时以上。由于熊猫摄食的竹子种类很多，而它的栖息地又有很多种竹子生存。对于竹子周期性的开花死亡，没有确凿的研究证据表明熊猫会因此挨饿而危及生命。倒是栖息地的人工开发，让熊猫的生存环境缩小从而无法找到合适的竹林。熊猫有时亦会吃肉，尤其是怀孕期的熊猫，常需要吃肉摄取营养。古时候有许多关于熊猫吃铁的记载，熊猫还因此得名食铁兽，这多发生在熊猫闯入人的居住地，它强劲的下颚足以咬下铁锅，但为什么要吃这些东西就不得而知了。在人工养殖下，成年大熊猫每天食用 17～20 千克竹叶或者竹竿，夏天则食用 45～50 千克鲜嫩竹笋，成都市大熊猫繁育研究基地还为熊猫专门配制了窝窝头、苹果、牛奶和玉米粥。

赠台大熊猫——团团圆圆

◎保护道路

大熊猫是中国国家一级保护动物，IUCN 红色名录内列为濒危物种。1958 年设立的四川卧龙自然保护区的保护内容的重点就是大熊猫，这个保护区由国家林业局直接管辖。由于栖息地被破坏、环境污染、与种群隔离等原因，是野外种群的繁衍出现危机。1998 年天然林砍伐的全面禁止和禁止个人拥有枪支的实施，在一定程度上保护了熊猫的生存。1992 年以后，向保护区内的移民被禁止，并安排居民陆续迁出，使熊猫的栖息地得到了一定的保证。经过多年的保护工作，有些地方大熊猫的野外种群数量开始上升。

◎中国对外赠送及租借历史

租美大熊猫。

租日大熊猫。

早在公元 685 年，唐朝女皇武则天即曾以 2 只猫熊当作国礼，赠送给日本的天武天皇，开启“猫熊外交”之滥觞。

1999 年赠港大熊猫：安安、佳佳；2007 年，乐乐、盈盈。

2008 年 12 月 23 日，中国大陆政府将两只熊猫（团团、圆圆）赠予台湾，现于台北市木栅动物园。

破解生命的奥秘

人类的新生

POJIE SHENGMING DE AOMI

谁在吃饭、睡觉、走路、思考、爱和创造自己的生活？是我们，更确切地说－－是我们的身体。但有谁认真想过，我们这副具备上亿年发展历史的身体，隐藏着怎样惊心动魄的故事与不可思议的传奇？我们的身体是怎样组合成我们的？我们身体的每一部分如何组织在一起并让我们从低级进化成如今的地球的主人？科学改变你的生活，一切恍然大悟。

生命的缔造者——神话传说

◎《圣经》创世纪

起初神创造天地。

地是空虚混沌。渊面黑暗。神的灵运行在水面上。

神说，要有光，就有了光。

神看光是好的，就把光暗分开了。

神称光为昼，称暗为夜。有晚上，有早晨，这是头一日。

神说，诸水之间要有空气，将水分为上下。

神就造出空气，将空气以下的水，空气以上的水分开了。事就这样成了。

神称空气为天。有晚上，有早晨，是第二日。

神说，天下的水要聚在一处，使旱地露出来。事就这样成了。

神称旱地为地，称水的聚处为海。神看着是好的。

神说，地要发生青草，和结种子的菜蔬，并结果子的树木，各从其类，果子都包着核。事就这样成了。

于是地发生了青草，和结种子的菜蔬，各从其类，并结果子的树木，各从其类，果子都包着核。神看着是好的。

有晚上，有早晨，是第三日。

神说，天上要有光体，可以分昼夜，作记号，定节令，日子，年岁。

并要发光在天空，普照在地上。事就这样成了。

于是神造了两个大光，大的管昼，小的管夜。又造众星。

就把这些光摆列在天空，普照在地上。

管理昼夜，分别明暗。神看着是好的。

有晚上，有早晨，是第四日。

神说，水要多多滋生有生命的物，要有雀鸟飞在地面以上，天空之中。

神就造出大鱼和水中所滋生各样有生命的动物，各从其类。又造出各样飞鸟，各从其类。神看着是好的。

神就赐福给这一切，说，滋生繁多，充满海中的水。雀鸟也要多生在地上。

有晚上，有早晨，是第五日。

神说，地要生出活物来，各从其类。牲畜，昆虫，野兽，各从其类。事就这样成了。

于是神造出野兽，各从其类。牲畜，各从其类。地上一切昆虫，各从其类。神看着是好的。

神说，我们要照着我们的形象，按着我们的样式造人，使他们管理海里的鱼，空中的鸟，地上的牲畜，和全地，并地上所爬的一切昆虫。

神就照着自己的形象造人，乃是照着他的形象造男造女。

神就赐福给他们，又对他们说，要生养众多，遍满地面，治理这地。也要管理海里的鱼，空中的鸟，和地上各样行动的活物。

神说，看哪，我将遍地上一切结种子的菜蔬和一切树上所结有核的果子，全赐给你们作食物。

至于地上的走兽和空中的飞鸟，并各样爬在地上有生命的物，我将青草赐给它们作食物。事就这样成了。

神看着一切所造的都甚好。有晚上，有早晨，是第六日。

天地万物都造齐了。

到第七日，神造物的工已经完毕，就在第七日歇了他一切的工，安息了。

《圣经》创世纪中的上帝

◎亚当夏娃偷尝“禁果”

趣味点击

亚当

亚当，根据《圣经创世纪》记载，耶和华造就一男一女，男的称亚当，女的称夏娃。亚当是用地上的尘土造成的，夏娃则是耶和华取亚当身上的肋骨造成。二人住在伊甸园中，后来夏娃受蛇的哄诱，偷食了知善恶树所结的果，也让亚当食用，二人遂被耶和华逐出伊甸园，成为人类的祖先。

天地万物都造齐了。到第七日，神造物的工已经完毕，就在第七日歇了他一切的工作，安息厂。创造天地的来历，在耶和华神造天地的日子，乃是这样：野地还没有草木，田间的菜蔬还没长起来，因为耶和华神还没有降雨在地上，也没有人耕地，但有雾气从地上腾，滋润遍地。耶和华神用地上的尘土造人，将生气吹在他鼻孔里，他就成了有灵的活人，名叫亚当。

耶和华神将那人安置在伊甸园，使他修理看守。耶和华神吩咐他说：“园中各样树上的果子，你可以随意吃，只是分别善恶树上的果子，你不可吃，因为你吃的日子必定死。”

伊甸园中的亚当与夏娃

耶和华神说：“亚当独居不好，我要为他造一个配偶帮助他。”耶和华神用土所造成的野地各样走兽和空中各样飞鸟都带到那人面前，看他叫什么。那人怎样叫各样的活物，那就是它的名字。那人便给一切牲畜和空中飞鸟、野地走兽都起了名，只是那人没有遇见配偶帮助他。耶和华神使他沉睡，他就睡了；于是取下他的一条肋骨，又把肉合起来。耶和华就用那人身上所取的肋骨造成一个女人，领她到那人跟前。那人说：“这是我骨中的骨，肉中的肉，可以称她为女人，因为她是从男人身上取出来的。”因此，人要离开父母与妻子连合，二人成为一体。当时夫妻二人赤身露体并不羞耻。

可是，所有动物中最邪恶的一种是蛇，蛇问夏娃，问她可否能吃任何想吃的果子。“那当然，”夏娃答道，“除开智慧树上的果子，我们想吃什么果子就吃什么果子。但智慧树上的果子，我们吃了便会死。”蛇对女人说：“你们不一定死，因为神知道，你们吃了果子眼睛就明亮了，你们便如神一样能知道善恶。”

趣味点击

夏娃

夏娃是上帝取亚当身上的肋骨造成的女人，人类的祖先。二人住在伊甸园中，后来夏娃受蛇的哄诱，偷食了知善恶树所结的果，也让亚当食用，二人遂被上帝逐出伊甸园。按照基督教，偷食禁果是人类原罪及一切其它罪恶的开端，而这一切又都是因为上帝给了人类以自由意志。

于是，女人见那棵树的果子好作食物，也悦人的眼目，且是可喜爱的，能使人有智慧，就摘下果子来吃了；又给她丈夫，她丈夫也吃了。他们二人的眼睛就明亮了，才知道自己是赤身露体，便拿无花果树的叶子，为自己编作裙子。

天起了凉风，耶和华在园中行走。那人和他妻子听见神的声音，就藏在园里的树木中，躲避耶和华的面。耶和华呼唤那人，对他说：“你在哪里？”他说：“我在园中听见你的声音，我就害怕，因为我赤身露体，我便藏了。”耶和华说：“谁告诉你赤身露体呢？莫非你吃了我吩咐你不可吃的那树上的果子吗？”那人说：“你所赐给我、与我同居的女人，她把那树上的果子给我，我就吃了。”耶和华对女人说：“你做的是什么事呢？”女人说：“那蛇引诱我，我就吃了。”

耶和华对蛇说：“你既做了这事，就必受咒诅，比一切的牲畜野兽更甚。你必用肚子行走，终身吃土。我又要叫你和女人彼此为仇；你的后裔和女人的后裔也彼此为仇。女人的后裔要伤你的头，你要伤他的脚跟。”又对女人说："我必多多加增你怀胎的苦楚，你生产儿女必多受苦楚。你必恋慕你丈夫，你丈夫必管辖你。"又对亚当说："你既听从妻子的话，吃了我所吩咐你不可吃的那树上的果子，也必为你的缘故受咒诅。你必终身劳苦，才能从地里得吃的。地必给你长出荆棘和蒺藜来，你也要吃田间的菜蔬。你必汗流满面才得糊口，直到你归了土；因为你是从土而出的。你本是尘土，仍要归于尘土。"

◎女娲造人说

盘古开辟了天地，用身躯造出日月星辰、山川草木。那残留在天地间的浊气慢慢化作虫鱼鸟兽，替这死寂的世界增添了生气。

这时，有一位女神女娲，在这莽莽的原野上行走。她放眼四望，山岭起伏，江河奔流，丛林茂密，草木争辉，天上百鸟飞鸣，地上群兽奔驰，水中鱼儿嬉戏，草中虫豸跳跃，这世界按说也点缀得相当美丽了。但是她总觉得有一种说不出的寂寞，越看越烦，孤寂感越来越强烈，连自己也弄不清楚这是为什么。

与山川草木诉说心中的烦躁，山川草木根本不懂她的话；对虫鱼鸟兽倾吐心事，虫鱼鸟兽哪能了解她的苦恼。她颓然坐在一个池塘旁边，茫然对池塘中自己的影子。忽然一片树叶飘落池中，静止的池水泛起了小小的涟漪，使她的影子也微微晃动起来。她突然觉得心头的死结解开了，是呀！为什么她会有那种说不出的孤寂感？原来世界是缺少一种像她一样的生物。

广角镜

盘古

盘古是中国古代传说中开天辟地的神。在天地还没有开辟以前，宇宙就像是一个大鸡蛋一样混沌一团。有个叫做盘古的巨人在这个"大鸡蛋"中一直酣睡了约18000年后醒来，盘古凭借着自己的神力把天地开辟出来了。他的左眼变成了太阳，右眼变成了月亮；头发和胡须变成了夜空的星星；他的身体变成了东、西、南、北四极和雄伟的三山五岳；血液变成了江河；牙齿、骨骼和骨髓变成了地下矿藏；皮肤和汗毛变成了大地上的草木；汗水变成了雨露。盘古的精灵魂魄也在他死后变成了人类。所以，都说人类是世上的万物之灵。

想到这儿，她马上用手在池边挖了些泥土，和上水，照着自己的影子捏了起来。捏着捏着，捏成了一个小小的东西，模样与女娲差不多，也有五官七窍，双手两脚。捏好后往地上一放，居然活了起来。女娲一见，满心欢喜，接着又捏了许多。她把这些小东西叫作“人”。这些“人”是仿照神的模样造出来的，气概举动自然与别的生物不同，居然会叽叽喳喳讲起和女娲一样的话来。他们在女娲身旁欢呼雀跃了一阵，慢慢走散了。

远古神话女娲造人

女娲那寂寞的心一下子热乎起来，她想把世界变得热热闹闹，让世界到处都有她亲手造出来的人，于是她不停地工作，捏了一个又一个。但是世界毕竟太大了，她工作了许久，双手都捏得麻木了，捏出的小人分布在大地上仍然太稀少。她想这样下去不行，就顺手从附近折下一条藤蔓，伸入泥潭，沾上泥浆向地上挥洒。结果点点泥浆变成一个个小人，与用手捏成的模样相似，这一来速度就快多了。女娲见新方法奏了效，越洒越起劲，大地就到处有了人。

女娲在大地上造出许多人来，心中高兴，寂寞感一扫而空。她觉得很累了，要休息一下，到四处走走，看看那些人生活怎样。一天，她走到一处，见人烟稀少，十分奇怪，俯身仔细察看，见地上躺着不少小人，动也不动，她用手拨弄，也不见动静，原来这是她最初造出来的小

你知道吗

女娲

女娲是中华上古之神，人首蛇身，为伏羲之妹，风姓。起初以泥土造人，创造人类社会并建立婚姻制度；而后世间天塌地陷，于是熔彩石以补天，斩龟足以撑天。

人，这时已头发雪白，寿终正寝了。

女娲见了这种情形，心中暗暗着急，她想到自己辛辛苦苦造人，人却不断衰老死亡。这样下去，若要使世界上一直有人，岂不要永远不停地制造？这总不是办法。结果女娲参照世上万物传种接代的方法，叫人类也男女配合，繁衍后代。因为人世间是仿神的生物，不能与禽兽同等，所以她又建立了婚姻制度，使之有别于禽兽乱交。后世人就把女娲奉为“神媒”。

人类时代终于来临

恩格斯说：“一切对立都经过中间环节而互相过渡。”在人和猿之间也是这样，从古猿到现代人是一个漫长的转变过程，有一个复杂的亦人亦猿的过渡阶段。在人的形成过程中只有劳动的萌芽，从使用工具以至制造工具，要有一个很长的从量变到质变的转化历程。从制造工具开始，人类便在地球上出现了，以后便是人类的发展。现将人类的发展过程分为 3 个阶段。

◎能人时期

能人，意思是有能力的人。能人时期是原始人类发展的第一阶段，也是人脱离古猿祖先最初的阶段，相当于地质历史的第四纪初期，距今约 190 万年。这时的人已初步学会制造和使用工具，具有了人的性质。

知识小链接

能人

能人有多层含义，能人化石最早是 1960 年在坦桑尼亚奥杜瓦伊峡谷第一层中发现的，当时出土了 10～11 岁小孩的顶骨、下颌骨、手骨和成人的锁骨、手骨和足骨。

现在发现的能人化石主要在非洲坦桑尼亚奥尔杜威峡谷。在我国的云南省元谋县、河北省阳原县的泥河湾等地也发现了更新世早期的人类化石或石器。

从已发现的能人化石来判断，能人吻部突出，没有下颏，头盖低平，额向后倾，外貌很像猿，但脑量可达 650 立方厘米，比现代猿高。他们的眉骨嵴不甚发达，牙齿的构造和排列方式等和人接近；髋骨和肢骨也与人相似，表明已能直立行走，但不如现代人那样完善，身体还有些前倾，在迈步行走时，步态稍为笨拙。在发现能人的地层中，同时发现有石器和使用过的兽骨，说明他们已能制造简单的工具。从当时沉积的性质和伴生动物群来看，他们生活在一种空旷的原野里，以狩猎为生。

◎直立人时期

直立人具有比能人更接近现代人的特征。例如，他们的身材增高，脑量增大，面部和牙齿相对的较小，行为活动更为复杂，已能完全用两足直立行为。但这种人眉嵴粗壮，嘴部突出，仍带有一些原始性质，所以也叫猿人。直立人大体生活在距今 50 万年前后的更新世的中期。

目前发现的直立人化石有：我国的北京人、蓝田人以及印度尼西亚的爪哇人；欧洲的海德堡人；阿尔及利亚的毛里坦人及非洲的舍利人等。下面我们以北京人为例，说明这一时期的特点。

北京人也叫北京猿人，第一个完整的头盖骨化石是 1929 年在北京西南 54 千米周口店的山洞内发现的。

趣味点击

直立人

1890 年到 1892 年在印度尼西亚爪哇发现了猿人的下颌骨，头盖骨和腿骨。发现这把他定名为“直立猿人”或“原人直立种”。1929 年北京周口店发现的猿人化石定名为“北京的中国猿人”或“中国猿人北京种”，俗称“北京人”。以后非洲和欧洲都发现有猿人化石，其形态基本相似。因而国际人类学界一致同意把各地发现的猿人化石定名为“人属直立种”或“直立人”。

北京猿人体质形态的特点

周口店北京猿人遗址

北京猿人头骨的主要特点是：头骨的最宽处在左右耳孔稍上处，向上则逐渐变小，而现代人的头骨最宽处则在较高的位置。北京猿人头骨的高度比现代人小，额向后倾斜。平均脑量为1075立方厘米，而现代人平均为1350立方厘米。左右两眉嵴比较粗壮而向前突出，且左右相连，在眼眶上方呈屋檐状。颅顶正中有明显的矢状脊，后部有很发达的枕骨圆枕。另外，北京猿人的头骨厚度比现代人几乎厚一倍。

北京人遗址

北京猿人的牙齿，无论齿冠或齿根，都比现代人粗大，表现了原始的特征。从北京猿人头骨和牙齿的特征来看，介于现代人与现代猿之间。

另外，北京猿人的肢骨，虽然发现的材料不多，不过由肢骨的情况证明（由股骨脊的存在和肱骨短于股骨的事实）北京猿人已能直立行走。根据股骨的计算，北京猿人男性身长162厘米、女性为152厘米左右，相当于现代华北人的中等身材。

北京猿人的生活情况

从已发现的遗迹来看，北京猿人已经学会使用和制造简单的石器，其中大部分是未经修制加工的。由石器的形状来看，可以分为石斧、锤形器、尖状器、刮削器等。这些石器可用来狩猎、杀戮、切割食品之用。另外，北京猿人也开始使用骨器。在北京猿人住的洞穴中，发现有火的痕迹，说明北京

人类生活的遗迹——群居及火的应用

猿人已能用火。至于火的来源迄今还不清楚。不过猿人能够用火有很大的意义。因为火可以使人们熟食，缩短消化过程，并且可以防寒，在洞口燃烧火堆还可以惊避野兽。所以，火的运用是一次能源革命，标志着人类对自然界的认识已经有了很大的飞跃，标志着人类本身已经进入了一个划时代的阶段。

另外，由猿人洞穴中所发现的灰烬堆积、兽骨残物以及成千的石器工具，说明猿人的生产活动以采集植物为主，狩猎为辅；社会组织还很原始，叫原始群；社会成员间关系仍较松散，没有发现对死者进行埋葬的迹象。

拓展阅读

石器

石器，是指以岩石为原料制作的工具，它是人类最初的主要生产工具，盛行于人类历史的初期阶段。从人类出现直到青铜器出现前，共经历了二三百万年，属于原始社会时期。根据不同的发展阶段，又可分为旧石器时代和新石器时代，也有人将新、旧石器时代之间列出一个过渡的中石器时代。

北京猿人的发现在全部人类历史上有很重要的意义，它填充了人类起源锁链上的一个环节，给研究人类起源的历史开辟了新的一页。

◎智人时期

智人是人类发展的第三阶段，比猿人更接近于现代人。智人可分为早期智人和晚期智人。

早期智人

早期智人也叫古人，出现在第四纪的中期，距今约 20 万 ~ 30 万年。人类演变到这个时期已经失去了大部分像“猿”的特征（如眉骨隆起，嘴部前伸等），而发展到现代人的样子。这种人类广泛分布于旧大陆的大部分地区。首次发现是欧洲的尼安德特人。

尼安德特人是 1856 年在德国尼安德特山谷中发现的。当时出土一具骨骼，连同头骨共 14 块。从现有的化石断定，尼安德特人比现代人矮，身体粗笨。他们已失去了猿类的大部分特征，而具有了人的特征。例如，尼人的脑量不比现代人小，脸的下部不像能人、猿人倾斜突出。不过，他们的头盖骨还比较原始，额部仍较低平，眉嵴不太低，下颚的颏部尚未凸起等。

> **你知道吗**
>
> **早期智人**
>
> 通常指距今20 多万年开始生活在中更新世晚期的形态上介于直立人和晚期智人之间的人类。一般将大荔人、金牛山人、马坝人等中国古人类归入早期智人。最早被人们重视的是尼安德特河谷发现的人类化石。因而过去古人类学上曾将早期智人化石统称为尼安德特人.早期智人阶段的化石，在亚、非、欧三洲许多地区都有发现。

从所发现的石器来看，已具有了初步加工的磨制工具。工具的种类不仅有石器，而且有骨器，可供砍、切、削、刮、凿、穿、割等工作之用。工具的精致程度比以前更前进了一步。由化石的情况推知，尼人阶段仍过着群居狩猎生活，身穿兽皮，并知道了用火。这时可能已产生了埋葬死者的习惯，迷信思想可能开始萌芽。这一时期可能由原始群居过渡到氏族制度阶段，氏族制度正在萌芽。

晚期智人

晚期智人也叫新人。这种人生活在第四纪末，距今10万年左右。人类演变到这个时期体质形态完全与现在人相似了。但是这种人目前已经绝灭了。他们只以化石的形式在地层中保留下来。这一时期发现的化石在欧洲有克鲁马努人；在中国有山顶洞人（北京）、柳江人（广西）等。

知识小链接

山顶洞人

山顶洞人，生活在距今约1．8万年，在北京人活动过的地区，他们的模样和现代人基本相同。他们的骨骼化石是在周口龙骨山顶部的洞穴里发现的，因此考古学家把他们叫做山顶洞人。

克鲁马努人是1868年在德国西南部克鲁马努地区发现的。这种人在各地出土的头骨和体骨很多，约有百余件。从发现的化石来看，克鲁马努人的体质结构基本上和现代人相似。此时的人肩宽胸厚四肢灵活，头部额高而弯，头顶宽大，没有脸部斜出的现象。根据上下腿骨长短的情况可知，克鲁马努人行走迅速，动作灵活，完全不像笨拙的尼安德特人。克鲁马努人的劳动工具有石器和骨器，其精致程度也比以前更进步。在雕刻绘画方面也有所发展。他们虽然过着狩猎的生活，合群能力更强。通常住在洞穴中，有时也住在平原上。

人类进化图

基本小知识

钻孔

一般是指钻孔是指用钻头在实体材料上加工出孔的操作。这里讲述了勘探工作里的钻孔工作，以及钻孔需要的辅助工具以及部分应急措施方法。

山顶洞人是1933年在周口店龙骨山上的山顶洞内发现的。共计有7个个体的骨骼，其中有3个完整的头骨。这些化石也和解放前发现的北京猿人化石一样，都被当时美国的侵略者掠夺去了。据地层的研究，估计山顶洞人距今约5万年，比克鲁马努人稍晚。在山顶洞人居住的场所，我们发现许多石器，其中最珍贵的是一枚骨针，针长22厘米，由刮削和磨制而成。由于骨针的发现说明他们已经具有缝纫的能力。另外，在洞穴内发现许多装饰品，如石珠、钻孔的石坠、穿孔的牙齿等。表明了物质生活的发展，推动了精神生活的发展，山顶洞人已有了一定的文化。他们已学会磨制石珠和在石坠上钻孔以及染色的技术等。这时埋葬死者的办法比以前更加复杂，反映出人类社会进入了母系氏族公社时期。

新人分布在世界各处。由于他们所处的环境条件不同，如地带、气候、湿度、阳光等方面的差异，于是形成了现在世界上各色各样的种族。

由以上原始人类的进化过程来看，从古猿到能人，由能人到直立人，人类体质形态上的演变比较快。智人以后，到现代人，体质、形态的演变则逐渐迟缓下来。

人猿化石现世

从解剖学来看，人非常像一般的哺乳动物。人体上所具有的典型器官，如骨骼、心脏、脑等，一般哺乳动物也有。另外，人体上存有许多退化和不发达的器官，如盲肠、耳肌、退化的毛发等，这些部分在一般动物的身体上

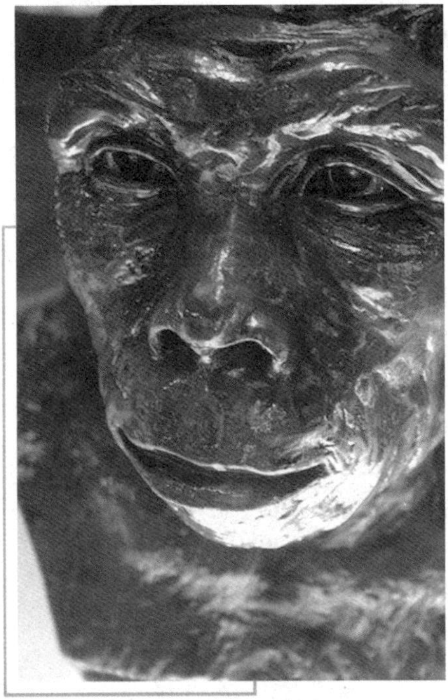

早期人类头盖骨像

还是正常地发展着，而且对动物的生活有着重要的意义。这些退化部分的存在，说明了人类祖先在发展过程中这些部分曾经是有用的，以后由于生活条件的改变，才在新的条件下变得无用或用处不大，因而丧失了原来的机能而退化了。在人体上偶尔还出现返祖现象。

人不仅与一般动物有亲缘关系，尤其是与类人猿有更近的亲缘关系。猿的中枢神经系统比较发达，行为也比较复杂。猿胚的发育与人胚的发育相似的时间最长。这些相似性说明了人与类人猿有着共同的祖先。另外，人与类人猿也有着本质的差别。虽然类人猿的一些动作几乎接近于人，但它们没有意识，不能和人一样进行抽象的思维，特别是不会制造工具，进行劳动。由此，猿的行为仅仅是借条件反射来完成的，许多是本能的行为。此外，在形态结构上，人与猿也有很大差异。如猿类不能完全独立地直立行走，猿的前肢比后肢长，趾与指没有明显的分化，猿的脑轻，人的脑重，头骨的结构不同，等等。这些差别，说明了人与猿在进化过程中经历了不同的发展过程。

美国纽约曾经展示过一具约4700万年前的动物骨骼化石，

拓展思考

克隆

克隆是指生物体通过体细胞进行的无性繁殖，以及由无性繁殖形成的基因型完全相同的后代个体组成的种群。通常是利用生物技术由无性生殖产生与原个体有完全相同基因组织后代的过程。

该化石来自德国。研究人员认为，这种动物有助解释猿、类人猿和人类的进化根源。研究人员在当天纽约自然科学博物馆举行的新闻发布会上说，没有人断言那是猿类和人类的直接祖先，但它能很好地表明很久之前祖先的样子，成功填补了人类进化历程中的“缺失环节”。

这种动物被称为“达尔文系马西莱”，以《物种起源》作者达尔文和发现地命名，研究人员给它起了个昵称“艾达”。它大约有一只小猫大小，有 4 条腿和一条长尾巴。

广角镜

中枢神经

中枢神经系统是神经系统的主要部分。其位置常在人体的中轴，由明显的脑神经节、神经索或脑和脊髓以及它们之间的连接成分组成。在中枢神经系统内大量神经细胞聚集在一起，有机地构成网络或回路。中枢神经系统是接受全身各处的传入信息，经它整合加工后成为协调的运动性传出，或者储存在中枢神经系统内成为学习、记忆的神经基础。人类的思维活动也是中枢神经系统的功能。

展出的组织者说，这具动物化石 1983 年发现于德国法兰克福东南地区，该地区是始新世时期生物化石的重要发现地。据悉，当时的私人收藏家并未意识到它的重要性，却把它一分为二，并且把两部分全部售出。较小部分被研究人员找到，不过这个骨骼化石标本被修补过，似看起来更完整。较大的那部分最近刚刚进入公众的视野，现在属于挪威奥斯陆大学国家历史博物馆。

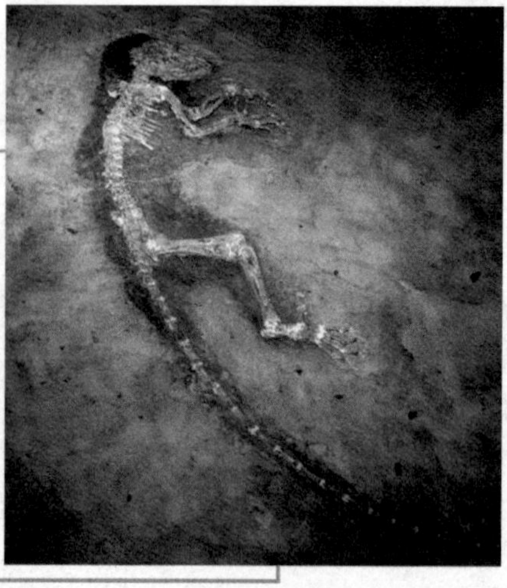

艾达化石

美国一大学的教授研究这一化石已两年。他说，这具雌性动物化石保存近乎完整，仅有大约 5% 缺损，是迄今发现的保存最好的灵长类动物化石，人们甚至还能清晰地在岩石中看到它身体上的软毛纹理。并且，动物化石中带有指甲的指尖部位仍清晰可见，肠胃内的残留物表明它食用树叶和果实，缺损部分为一条腿的下半部分。该教授认为，尽管拖着一条长尾巴，但这一动物已表现出几处人类特征，包括对生拇指、短臂和腿等。它向前突出的眼睛和人类的一样，使它的视场能够重叠，有立体感和距离感。据推测，这个物种可能是生活在今天马达加斯加一带的一种类人猿的祖先。

教授及其研究人员还表示，艾达很可能是在夜间活动。但他们认为“艾达”并不是真正的类人猿。X 光照射显示，“艾达”同时有婴儿和成人的牙齿，但它没有像细齿梳子一样的爪子，而这是狐猴的特征。狐猴也是灵长类动物，但被认为更为原始，与大猩猩及人类不属于同一个种群。可以说，“艾达”的发现为之前发现的所有灵长类动物化石提供了完整的古生物学解释。“这是人类进化中的第一环。”他说。但也有部分研究人员对这一动物与猿类和人类祖先“密切相连”的观点持不同看法。

研究人员估计，“艾达”死亡时大概只有 9 个月大。X 光片显示“艾达”可能死于手腕骨折，据推断，在手腕骨折后，“艾达”无法攀缘而被迫改为陆地生活，居住在火山附近。在一次去梅塞尔湖畔喝水的时候，它不幸因湖畔二氧化碳过浓而窒息。由于手腕骨折行动不便，“艾达”慢慢失去了意识。它被水冲刷进湖中，最终沉入湖底，而湖底独特的条件使“艾达”的尸体得以保存 4700 万年。

趣味点击

类人猿

猿是灵长目人猿总科动物的通称，包括两个科。虽然人们常把猿猴并称，有时候将猴也称为猿，而猿有时也会称做是猴，不过他们在生物学上是不同的动物。两者的主要区别在于猴有尾巴，而猿没有。在分类学上，人是猿的一种。

曙猿——人类的远祖

人是哺乳动物中灵长类的一分子。我们人类能够最终发展到今天所依赖的生物学特征，最初是在灵长类动物中出现的。那么，灵长类与其他的哺乳动物有什么不同呢？换句话说，灵长类为何“灵长”呢？

绝大多数灵长类都栖息在树上。在树上生活意味着脚下没有土地可支撑，因此必须用四肢抓握树干。与此相适应，灵长类的爪子逐渐转变为每个手指都能够单独活动的手，拇指还能够与其余的手指对握。这样，不仅提高了灵长类的抓握能力，而且由于拇指和食指指尖的对握可以形成环状，从而大大提高了手掌抓握物体的准确度。这一进化特征的出现不仅对早期灵长类搜寻昆虫等食物非常有利，而且为后来灵长类可以用手灵巧地摆弄各种物体，直至最后能够制造和使用工具打下了基础。

你知道吗

灵长类

灵长目是哺乳纲的1个目，目前动物界最高等的类群。大脑发达；眼眶朝向前方，眶间距窄；手和脚的趾分开，大拇指灵活，多数能与其他趾对握。包括原猴亚目和猿猴亚目，主要分布于世界上的温暖地区。灵长类中体型最大的是大猩猩，体重可达275千克，最小的是倭狨，体重只有70克。人类属于灵长目动物。

酷似人类的灵长类

与手部的灵巧活动相配合，灵长类发展了立体的视觉，使得它们能够从三维空间观察物体。这是灵长类充分掌握四周环境特质的先决条件，也是激发它们好奇心的原动力。

此外，灵长类还发展出辨认颜色的能力。

这样，灵长类能够把触觉、味觉、听觉，尤其是色觉和立体视觉感受到的各种信息输入脑中。脑接收外界的信息与日俱增，进而能够把各种信息分类排比，最终导致了智力的发展。这样的智慧，是任何其他动物都没有的，这也就是为什么我们把这类动物叫做“灵长类”的原因。

灵长目分为2个大类（亚目），即低等灵长类（原猴亚目）和高等灵长类（类人猿亚目）。

低等灵长类起源于中生代末期。现生的原猴亚目分为3个次目：分布于马达加斯加岛的狐猴次目，生活在非洲以及南亚森林地区的瘦猴次目以及分布在东南亚部分岛屿上的眼镜猴次目。

基本小知识

DNA

脱氧核糖核酸缩写为DNA又称去氧核糖核酸，是一种分子，可组成遗传指令，以引导生物发育与生命机能运作。主要功能是长期性的资讯储存，可比喻为“蓝图”或“食谱”。其中包含的指令，是建构细胞内其他的化合物，如蛋白质与RNA所需。带有遗传讯息的DNA片段称为基因，其他的DNA序列，有些直接以自身构造发挥作用，有些则参与调控遗传讯息的表现。

高等灵长类起源于低等灵长类。从现生的高等灵长类与现生的各种低等灵长类的形态和DNA结构的对比来看，高等灵长类与眼镜猴类最为接近。因此，许多科学家认为高等灵长类与眼镜猴类拥有共同的祖先，它们共同起源于一种称为始镜猴类的古老的低等灵长类。

在20世纪90年代之前，最早的高等灵长类化石发现在非洲距今大约3900万年前始新世末期的地层里，它们与始新世一种原始的狐猴类——北狐猴在形态上有许多相似之处。因此，另外一些科学家则认为，高等灵长类起源于狐猴类。

在两派争论正酣的时候，我国科学家于1994年在江苏溧阳发现了中始新世（距今4500万年左右）的最早的高等灵长类“中华曙猿”。所谓“曙猿”，意思就是“类人猿亚目黎明时的曙光”，它是迄今人类所知道的最早的高等灵长类。不久，科学家又在山西垣曲黄河岸边发现了一对几乎完整的、带有全部牙齿的曙猿下颌骨。它被命名为“世纪曙猿”，通过对它的研究，科学家确信曙猿在许多形态结构上比过去所知道的所有其他高等灵长类都要原始，同时它又与古老的始镜猴类有许多相似之处。

知识小链接

下颌骨

下颌骨分为体部及升支部，两侧体部在正中联合。下颌升支部上方有两个骨性突起，在后方者称为髁状突，在前方者称为喙突（肌突），两者之间的凹缘称为乙状切迹。升支部后缘与下颌骨下缘相交处称为下颌角，升支部内侧面中部有一个孔称下颌孔，此孔在下颌骨内向下向前延伸的管道，称下颌骨。

1999 年，在缅甸中始新世晚期地层中发现了类人猿亚目曙猿科的另一个新属种——邦塘巴黑尼亚猿。

埃及法尤姆地区发现的大量化石表明，高等灵长类在距今约 3900 万年的始新世晚期就已经开始向两个亚科发生了分化，即副猿亚科和森林古猿亚科。前者有 3 个前臼齿，可能是现生猕猴超科的祖先；后者只有 2 个前臼齿，可

猕　猴

能是人猿超科的祖先。

在随后漫长的岁月里，高等灵长类发生了许多次分化，演化出大量的分支，繁衍成一个庞大的家族。

现在的高等灵长类分为阔鼻猴类（又称新大陆猴类）和狭鼻猴类（又称旧大陆猴类）。前者分布在美洲大陆，后者则分布在欧亚和非洲大陆。

阔鼻猴类仅有一个卷尾猴超科。迄今最早的阔鼻猴类的化石是在南美洲的早新世地层中发现的。

狭鼻猴类有两个超科，即猕猴超科和人猿超科。猕猴超科包括疣猴科和猕猴科，其中猕猴科是现生灵长类中除了人以外最成功的类型，包括白眉猴、长尾猴、赤猴、狒狒、狮尾猴、山魈、猕猴等许多属种。人猿超科包括猿科和人科，其中现生的猿科动物有亚洲的长臂猿、猩猩和非洲的大猩猩、黑猩猩。

趣味点击

中华曙猿

中华曙猿生活于始新世中期，是一类体形很小的灵长类。中华曙猿是已知的高级灵长类动物中最早的一种。它是我国著名的古人类学家林一璞、齐陶等人在江苏溧阳上黄镇发现。

这就是包括我们人类在内的高等灵长类家族的一个家谱和概略的“发家史”，这个谱系指向的源头就是中华曙猿。换句话说，中华曙猿是包括我们人类在内的所有高等灵长类的远祖。

黑猩猩是我们的近亲吗

国家人类基因组南方研究中心的科学家近日成功完成了人和黑猩猩基因序列差异的比较研究，结果发现，人和黑猩猩基因的功能区域差异只有0.75%。这是我国科学家首次系统地开展人和黑猩猩的比较基因组学研究。我国科学家的发现为探索人类的起源及其独特的性状特征提供了重要的科学参数和新的研究线索，同时也为识别重要疾病易感基因的研究开辟了新的途径。

黑猩猩

此外，科研人员对人、黑猩猩、大猩猩、长臂猿和猕猴的标本测序所得到的系统进化树，也再一次证明了和人类具有最近亲缘关系的是黑猩猩，而非大猩猩。人类和黑猩猩的分歧时间是 493 万年，而和大猩猩的分歧时间是 726 万年。

黑猩猩是类人猿中分布最广泛的一种，它们生活在非洲的深山密林中，长期的森林生活，使它们有极高明的臂行术。黑猩猩生活在赤道附近的非洲中部和西部热带森林中，从 20 世纪初，一些动物学家就在非洲三个地点建立了考察基地，开始探索野生黑猩猩的奥秘。

野生黑猩猩经常三五成群地外出活动，有时是一大群，最多可达四五十只。黑猩猩的群体中成员经常变动，其中最稳定的是母亲和她的子女们。每个子女只认其母，不认其父，只有一家成员才常常聚在一起，在黑猩猩的群体中，必定有一只雄性的黑猩猩首领，其他所有黑猩猩不论成年还是幼仔都围绕在它的身边，以表示尊敬，服从它的指挥。群体中的首领如果老化，则由其他更为强壮的雄性黑猩猩通过争斗，来代替旧的首领地位。

黑猩猩群居在树上，主要食物是水果。在水果淡季，经常找一些昆虫和其他食物吃。黑猩猩钓白蚁的技术相当高明，它在行走时就准备好树枝，并进行简单的修整，找到蚁穴后，把树枝捅入洞内，白蚁以为有外敌入侵，就用颚死死咬住枝条，哪知正中

拓展阅读

白蚁

白蚁亦称虫尉，坊间俗称大水蚁，等翅目昆虫的总称，约 3000 多种。为不完全变态的渐变态类并是社会性昆虫，每个白蚁巢内的白蚁个体可达百万只以上。

了黑猩猩的圈套。当黑猩猩估计有许多白蚁上当时，就把枝条从蚁穴中拔出，放在嘴里，把上面的白蚁一个不漏地舔干净，然后再继续钓。有时黑猩猩也偶尔捕食狒狒、羚羊、野猪等，它们在狩猎时经常通过精心策划，集体协作完成。

黑猩猩能通过各种方式交流信息和感情，当一些猩猩久别重逢时，会大声喊叫或相互搂抱，亲吻等，有时还能用手势接触传递消息和感情。美国一位叫海斯的科学家，把一只黑猩猩从出生时就放在家里饲养并起名维基，让它和同岁的小孩一起生活。经过训练，维基学会用榔头、锯等工具，学会用吸尘器清扫地毯，开罐头、换灯泡，甚至还会说一些简单的英文单词。实验证明黑猩猩可以通过不同颜色和图形板拼出"苹果"、"香蕉"、"水桶"等单词组成的句子。

忧郁的黑猩猩

在整个动物界中，越是高等动物，情绪活动就越丰富，因为情绪变化是脑功能发达的表现。鸟类、爬行类动物脑结构简单，情绪固定呆板。黑猩猩则不同，它们与人类一样有喜怒哀乐的情绪变化，有些行为与人类极为相似。一次科学家在非洲密林中观察到一只黑猩猩产仔的场面，当雌猩猩临产时发出痛苦叫声时，它的家庭成员都在不远处静静等待，脸上出现紧张和焦虑的表情。当小猩猩顺利出生后整个家庭又闹又叫，呈现一片欢乐气氛。

◎ 了不起的黑猩猩

当今的人类在使用工具制造工具方面取得很大的成绩。要评价动物能力时，往往也提出这方面的标准：它们会不会使用"工具"？凭它们这方面的能力来判断接受实验的动物智慧的高低。

据科学家们实验，黑猩猩在画画方面的最初阶段和孩子们学画画所经历的几个阶段是一样的。科学家们把黑猩猩的绘画“创作”和孩子比较，发现黑猩猩开始时画直线，接着会画成直角相交的横线，至多还会画圆圈，从此再没有什么进步了。黑猩猩画画时，能做到构图的对称，在这方面比孩子们强。这也表明黑猩猩很聪明，不要说其他动物，就是人类近亲中的其他猿类，也没有哪个有如此高的智慧。

◎充当表演明星

在动物王国里，有许多动物经人驯化后能表演各种节目，其中技艺超群者也可称为明星。黑猩猩的名气就很大。黑猩猩和大猩猩、猩猩、长臂猿同属灵长目，也叫类人猿。这类动物的智能很发达，其中黑猩猩最聪明，可以达到人类两三岁时的智能。它有善于模仿的习性，黑猩猩和其他类人猿相比，还有容易驯化的特点，和饲养者很易相处，驯化它远比其他类人猿容易。

训练黑猩猩表演节目，首先要和它搞好关系。它的模仿智能很高，很容易教，也学得很快，它不仅能依据人的语言学习，人使用手语，它也能够学，能学会 85% 的手语。按照动物心理学来分析，黑猩猩有很高的天资和很高的模仿性，所以能学会各种各样的表演，人们正是根据它天资高、模仿性强，是表演明星的材料，才选中它来驯化，训练它骑自行车、投苹果等各种表演技艺。

> **广角镜**
>
> **智能**
>
> 从感觉到记忆到思维这一过程，称为“智慧”，智慧的结果就产生了行为和语言，将行为和语言的表达过程称为“能力”，两者合称“智能”，将感觉、去记、回忆、思维、语言、行为的整个过程称为智能过程，它是智力和能力的表现。它们分别又可以用“智商”和“能商”来描述其在个体中发挥智能的程度。“情商”可以调整智商和能商的正确发挥，或控制二者恰到好处地发挥它们的作用。

◎黑猩猩每天换床

在所有动物中，黑猩猩和类人猿的关系最密切，它会修建简便的窝巢作睡觉用。

除了猩猩的幼儿，所有的黑猩猩每夜都筑一新的睡巢。筑巢的时间经常是天黑以后，用不到3～5分钟就能完成，它们在树的树冠上选择一结实的巢座，比如垂直的叉状支撑物或树的枝叉，或两根水平的分枝，然后用脚把一些较小的树枝拉拢弯曲，编到巢座上，最后它把长在窝巢边缘的带叶的细枝卷进去，躺了下来，整个身子压在垫子上。经常它们躺了几分钟，又坐起来，摘一把带叶的嫩枝枕在头下或放在身体的某个部分下面，这才安心睡觉。研究人员发现，尽管筑巢的速度很快，但树枝编织的相当严实，健康的黑猩猩的窝巢决不会污染粪便，它们总是在巢边大小便。

表演明星

当母猩猩产仔后，就筑一特别大的窝巢，这需要较多的时间，因为它一只手抱着婴儿，只凭一双脚和另一只手来工作。在繁殖季节，这个巢又被赋予了新的意义。

世界人种的形成及其迁移

人类肤色是怎样形成的？

人类进化方面的另一种重要变化则是皮肤。灵长类动物因为都有又长又黑又粗的毛发，所以皮肤下层的汗腺和色素也就很少，并不起主要作用。但是，人类身上的毛发除了头部的之外，都又短，又细，又稀，所以皮下汗腺比较多，色素起到很重要的作用。色素决定着皮肤的颜色，也决定着皮肤的

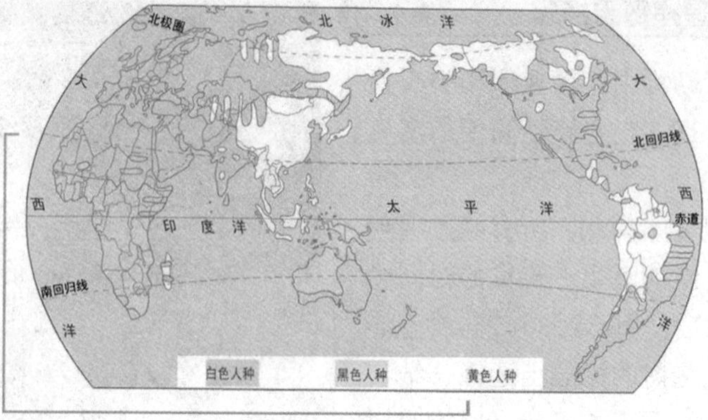

世界人种分布图

屏蔽功率。现在生活在地球上的人类，都是从这5个人种进化而来的。这都是和远古时期狩猎生活有关的适应性变化。因为，大部分食肉性动物都是在夜间狩猎，所以不需要这种变化。但人类却必须在白天的炎热气候下活动和狩猎，发展和演化出了较细的毛发和较多的汗腺，这是维持健康的正常体温所必须的条件，因为人类在做剧烈的活动如奔跑时，主要是靠出汗来把身体中多余的热量散发出去的。

法国学者居维叶根据人种的肤色及发型等主要特征，把世界人种划分为高加索人种、蒙古人种和尼格罗人种三大类，这就是我们通常所说的黑种人、白种人和黄种人。现代遗传学研究表明，人类DNA序列的99.9%相同，不同人种间的遗传物质只有极小的差异，这意味着现代的各个种族可能源自作为人类已获充分发展的同一祖先。多数人类学家认为，人类大约在10万~15万年前诞生于非洲，然后随着生存能力的增强，一部分走出非洲，分布到世界各地。由于过去人类受自然环境的严重束缚，长期定居在相对隔离的各个不同的地域环境中，在体质上形成了互不相同的适应特定环境的特征。前苏联学者阿列克

你知道吗

黑色素

黑色素是一种生物色素，是酪胺酸经过一连串化学反应所形成，动物、植物与原生生物都有这种色素。黑色素通常是以聚合的方式存在。

知识小链接

汗腺

汗腺是哺乳类的皮肤腺的一种，分泌汗。是单管腺，腺体存在于真皮或皮下组织中的屈曲之丝球体。排出管呈螺旋状，开口于表皮的表面。开口部称为汗口。在腺体外面有与汗分泌有关的纤细的平滑肌纤维围绕着，在其周围是由皮肤动脉的分枝致密的毛细血管网包围着。

谢娃根据地球各纬度的气候不同，将人体适应地理类型分为热带适应型、温带适应型、寒带适应型和北极适应型等类型，在此我们把三大人种与之配对，作世界人种的形成及其迁移的阐述。

◎ 热带适应型人种——黑种人

黑种人也称尼格罗人种，他们的祖先就是那些没有迁出非洲而仍在发源地及其附近生活的人，他们主要在非洲的赤道附近的热带地区，所以也称赤道人种。该地区太阳直射的时间比较长，气温高，太阳紫外线照射强烈。这种居住环境影响着尼格罗人种的体质特征，皮肤黑色素含量高，能帮助阻挡热带地区强烈的太阳光紫外线，保护皮肤内部结构，因其皮肤黝黑而称黑种人。同时黑种人浓密的卷发，导热性差，有隔热作用，防止被日光晒昏；头型偏小且前后长、体重轻，体表汗腺密度特别大，汗腺粗，体毛少，有利于排汗散热；鼻子嘴唇宽厚，

趣味点击

印第安人

印第安人是对除爱斯基摩人外的所有美洲原住民的总称。美洲土著居民中的绝大多数为印第安人，分布于南北美洲各国，传统将其划归蒙古人种美洲支系。印第安人所说的语言一般总称为印第安语，或者称为美洲原住民语言。印第安人的族群及其语言的系属情况均十分复杂，至今没有公认的分类。

最美的笑容（1）非洲人

黏膜面积大也有利于散热。他们的营养类型属植物性、低热、蛋白和多糖类型，且四肢长擅长跑，这些都是对高温环境的适应。

黑种人一直生活在非洲撒哈拉沙漠以南地区，随着地理大发现和新航线的开辟，黑色人种的平静生活被打破了，在欧洲白人的暴力中，许多黑人被迫迁往美洲。15 世纪中叶，随着美洲被发现，欧洲白人开始前往掠夺资源和财宝。由于不断地开发金银矿、创建种植园、以及由于对美洲印第安人实行灭绝人性的大屠杀，加上白人尚不适应当地的湿热气候等原因，在开发中美洲中非常缺乏劳动力。不久，欧洲白人把目光瞄向了强壮的非洲黑人，觉得在湿热的气候条件下种植甘蔗、烟草等经济作物，非洲黑人是最适合不过的“人选”了。从此，一场在暴力胁迫下的，以奴隶贸易形式出现的人种大迁移开始了。

最早掠卖黑奴的是葡萄牙和西班牙殖民者，16 世纪下半叶，荷兰、丹麦、法国、英国等国殖民者相继加入这项血腥的贸易中。欧洲奴隶贩子乘船从欧洲来到非洲西海岸，即从冈比亚河到尼日尔河口三角洲一带，逐渐形成了从塞内加尔到安哥拉长达 6000 千米的奴隶贸易的黄金海岸。早期的奴隶贩子扛着枪，扑向黑人的家园，见人就抓，后来是先收买一些黑人部落的首领，叫他们带人去攻打其他部落，大抓俘虏，然后卖给奴隶贩子，往往几块布，几个玻璃球之类的廉价商品就能换好几个黑奴。随后，欧洲奴隶贩子把购得的黑人奴隶装船运往北美东南大西洋沿岸（查尔斯顿、萨凡纳等）及西印度群岛和南美洲北岸（加拉加斯等）东北岸（卡莫辛等）等地出售。最后，黑人被作为商品转卖到西印度群岛和南、北美洲大陆的种植园里，过着牛马不如的生活。19 世纪前半叶，美国殖民者也大肆从非洲劫掠黑人，高价卖给美洲的矿主和种植园主作奴隶，大批黑人进入非洲。

◎寒带、寒温带适应型人种——白种人

据人类学家研究，大约在5万年前，生活在非洲的一部分人类祖先逐渐从非洲东部进入中东，然后向北，长期生活在亚、欧、非相连接区域以及后来到更广阔的欧洲地区，这些人被称为高加索人种。高加索人种的体质特征与居住环境：长期居住温带高纬度地区，常年太阳不能直射，光照强度较弱，气温较低，严寒期长。在常阴、多云的地区，浅白的肤色可以从阳光中吸收足够的紫外线，以减少疾病的发生，并可使皮肤少受冻伤，该人种因其皮肤偏白而称白种人。同时白种人体重腰粗、头型大而圆、脸较平；头发直硬或波浪状，嘴唇薄，体毛浓均有利于保温；鼻子狭窄带钩，鼻内孔道较长，可预热吸进的冷空气，然后进入肺部。他们的营养类型属动物性、高热、高蛋白和少糖类型，且骨骼肌肉发达、体温调节能力强、肺呼吸能力也强，表现出适应寒带气候的身体特征和生理特征。

最美的微笑（2）美洲白人

高加索人种在历史上经历的几次民族大迁徙，成了她形成和发展的重要时期。比如公元4世纪~5世纪的民族大迁徙，即以日耳曼人为主的蛮族，在罗马帝国境内迁徙、转战和建立欧洲民族国家的历史过程。5世纪中期，阿提拉率匈奴人横扫欧洲，给罗马帝国以沉重的打击。西罗马帝国灭亡后，法兰克人、盎格鲁—撒克逊人等蛮族纷纷入据西罗马旧地并建立王国。这些日耳曼人就是今天欧洲人的祖先之一。之后，十字军、阿拉伯人、蒙古人、突厥人一波接着一波地冲击着欧洲大陆，也改变和重组着欧洲的种族分布。今天，高加索人种主要分布在欧洲、北非、南亚等地，其中以欧洲居多，故也称欧罗巴人种。

高加索人种迁移的重要时期是地理大发现时期。欧洲人在这个时代，

通过新航路的开辟，开始向世界其他地方大规模地扩张和移民，大量移居南、北美洲和澳大利亚、新西兰、亚洲西部等地。16世纪西班牙人与葡萄牙人在中、南美洲进行殖民，土著印地安人的灭绝使这些国家白种人成为主要人种，比如现在阿根廷白种人占97%，多属西班牙后裔。百年后法国、英国等开始向北美洲移民，由于北美洲的美国与加拿大东海岸接近西欧，所以移民的速度逐渐加快，并成为欧洲移民的主要集中地。现在，加拿大的英裔法裔居民占68.7%左右。而美国，从1607年英国的清教徒开始在弗吉尼亚的詹姆斯登陆建立殖民地，到18世纪30年代，已经在北美大西洋沿岸建立了13个殖民地，移民达300多万。1785年，日益崛起的大英帝国的殖民地又加上了面积达800平方千米的一块——澳大利亚，随后希腊人、意大利人等也追踪而至。所以今天大多数澳大利亚人的祖籍是英国。

◎温带适应型人种——黄种人

迁徙出非洲一部分人类的祖先，从非洲的东部进入中东后，除一部分向北外，还有一部分向东迁移，长期生活在中亚和东亚的干旱草原和半荒漠地区，所以称蒙古人种或亚美人种。蒙古人种的体质特征与居住环境：亚洲地区气候温和，介乎非洲和欧洲之间，其体质特征属于尼格罗人种和高加索人种之间的过渡类型，表现出的肤色也处于黑色和白色之间的浅黄色，故称黄色人种。同时他们发黑且直、体毛较少，呈短头型、脸型扁平、颧骨较高，眼皮有波浪壮蒙古褶。这些都是对温带气候的适应。

亚洲人

现在黄种人主要分布在东亚、东南亚、西伯利亚和中亚。他们是干旱草原和半荒漠地区的黄种人向南及周边地区迁徙而形成的分布。向南迁徙的黄种人逐渐向东亚、东南亚扩散。

知识小链接

丝绸之路

丝绸之路，简称丝路，是指西汉（公元前202年—公元8年）时，由张骞出使西域开辟的以长安（今西安）为起点，经甘肃、新疆，到中亚、西亚，并联结地中海各国的陆上通道（这条道路也被称为“西北丝绸之路”以区别日后另外两条冠以“丝绸之路”名称的交通路线）。因为由这条路西运的货物中以丝绸制品的影响最大，故得此名（而且有很多丝绸都是中国运的）。其基本走向定于两汉时期，包括南道、中道、北道三条路线。

黄河中下游平原是中华民族的发源地，中国人口最初生活和繁衍于这一片地区。从秦汉时期开始，由于自然环境（黄河流域的环境恶化和资源枯竭等）和社会的原因（游牧民族南侵、北方战乱等），我国人口频繁地迁移：由内地向西部、北部边疆地区迁徙（宋元明末等），边疆少数民族内迁（东汉后的五胡内迁），华人外迁（唐朝通过海上丝绸之路到南洋，郑和下西洋后大批华人迁徙到南洋），由黄河中下游平原向四周扩散特别是向南方的长江流域和珠江流域扩散（随着经济政治中心的南移而南迁），从而使人口逐渐扩散到我国的每一个地区。根据地理学家胡焕庸教授估计，由“安史之乱”引发的人口大迁徙，从根本上改变了中国人口地理分布格局，使南方人口第一次超过了北方人口，中国人口地区分布的中心首次由黄河流域移到了长江流域。

东南亚、东亚大多数现代居民最初来自今日中国的地域。可能比新石器时代更早的数千年前，主要是中国南部，也许还有西藏及印度的黄种人开始逐渐向东南亚迁徙并与更早的东南亚居民或其他种族通婚，其中甚至包括来自更遥远南方人种和其他人种。大约公元前二三世纪部分黄种人从中国的东北部东迁至朝鲜半岛和日本列岛等，因而有了箕子朝鲜，徐福东渡等古老的传说。向北的黄种人进入西伯利亚、美洲、北极地区等。美洲印第安人几乎都是从西伯里亚东北部渡过白令海峡而来的移民后裔。这大约是发生在一万年前的事。实际上当时地球温度比现在要低，海面也比现在低得多。最早的移民穿过只有100多里（1里=500米）的连接亚洲东北部和北美洲西北部的陆桥沿着阿拉斯加南岸来到北美洲。这些移民又继续向南前进、扩散，继续寻找新的猎场和家园。这样南北美洲就很快被这些移民占据。1492 年当意大利航海家哥伦布踏上美洲大陆，看到头发又直又黑的土著人，他的第一反应是他到了亚洲，并至死坚信他们就是印度人，故而称之为印第安人。目前所知人类最早进入北极地区的时代可上溯至旧石器时代。当时的穴居原始人出于寻找猎物的本能而到达过泰加林与苔原带交界的地方。大约 18000 年前，地球上最末一次冰期抹去了早期人类活动的绝大部分记录。而冰期极盛期以后，随着天气回暖而重新北上的古人类，如欧亚大陆上的西伯利亚人和拉普人，美洲大陆上的古爱斯基摩人，以及后来的因纽特人（新爱斯基摩人），虽然几经动荡，却始终没有离开北极地区，因而成为北极地区当之无愧的主人。

知识小链接

旧石器时代

旧石器时代距今约 250 万年～距今约 1 万年，以使用打制石器为标志的人类物质文化发展阶段。地质时代属于上新世晚期更新世，从距今约 250 万年前开始，延续到距今 1 万年左右止。